スパイと日本人

インテリジェンス不毛の国への警告

陸上自衛隊元陸将
福山 隆
Takashi FUKUYAMA

ワニ・プラス

【はじめに】

私は、2013年に書いた『防衛省と外務省』（幻冬舎新書）の中で、「インテリジェンス機関は国家の『防寒着』のようなものだ」と比喩し、その意味について以下のように述べた。

「イスラエルの情報に対する貪欲さを見ていると、インテリジェンス機関とは、国家にとっての『防寒着』のように思えてきます。寒い季節ほど分厚い防寒着が必要になるのと同様、国家も自分たちを取り巻く国際環境が厳しければ厳しいほど強力な情報機関が必要になるのです。だとすれば、人が季節に合わせて衣替えをするのと同じように、国家もまた、安全保障をはじめとする国際環境の変化に合わせて、対内・外インテリジェンス機能を『衣替え』すべきでしょう。我が国のように、国境紛争や領土問題の発生リスクが高まったときに、隙だらけの夏服のようなインテリジェンス機関しか用意していないのでは、国が保《も》ちません」

現在の日本を取り巻く国際環境（安全保障環境）は、まさにこの指摘の通りだと思う。史上まれに見るほどの「寒冷期」を迎えつつあるのだ。世界は今まさに、凋落する米国と台頭著しい中国の激しい覇権争いやコロナ禍による世界経済への深刻なダメージなどにより激動期に突入している。

中国にとって、アメリカと覇権争いをする上で「天王山」と目される日本に対する軍事的な挑発は、次第にエスカレートしつつある。海上保安庁によると、中国公船2隻は2020年11月11日午前10時47分ごろから13日午後8時26分ごろまで、連続50時間以上も領海に侵入し、同年7月に記録した連続侵入39時間23分を超えた。侵入時間が過去最長を更新するのは同年11月の更新が3回目で、中国は同海域での行動をエスカレートさせている。

大東亜戦争後、国の安全保障をアメリカに依存してきた日本であるが、「アメリカ・ファースト」を唱えたトランプ前大統領の登場により、日本の「アメリカ依存」が不安視されるようになった。同盟を重視するバイデン大統領といえども、中国との覇権争いが熾烈になれば基本的には「アメリカ・ファースト」という立場は同じではないだろうか。

日米同盟体制の下、日本は軍事体制のみならず情報体制もアメリカに依存してきた。日本は「国家情報機関」を持たず、スパイも持たない。また、外国のスパイを取り締まる防諜体制も不完全で「スパイ天国」と揶揄《やゆ》される状態だ。人間が生きる上で〝目・耳〟、そして病原菌や異物から身体を守る防御作用がある〝白血球〟が必要なように、国家が自立して生き残るためには〝目・耳〟たる「国家情報機関」と〝白血球〟である「防諜機関」が不可欠である。しかし、戦後の日本はアメリカの庇護の下「国家情報機関」と「防諜機関」を持たず、「目のない鷹、耳のない兎」、「白血球不足」のような状態なのだ。それゆえ、日本の情報・防諜体制の強化は現下の情勢の中では、喫緊の課題なのではなかろうか。

本書はこのテーマを考える上で、参考になればと願い、「スパイと日本人」との関わりについて焦点を当て書くことにする。

序章

新たな海洋国家同盟の胎動

――情報は国家間の絆(同盟関係)になり得る

日・米・英・豪・加・新（ニュージーランド）同盟への胎動

2020年7月21日に行われた、当時の河野防衛大臣と英国のトゥゲンハート英下院外交委員長との電話会談や、トゥゲンハート外交委員長がツイッターで、「英国のCPTPP（TPP11）参加と、ファイブアイズをシックスアイズに」との投稿を行ったことで、日本の「ファイブアイズ参加」の動向が注目されている。

また、8月4日には、英国のブレア元首相も産経新聞の電話によるインタビューで、中国・習近平政権の権威主義化に強い危機感を示し、自由主義諸国が連携して中国の脅威に対抗する必要があるとし、「ファイブアイズへの日本の参加を検討すべきだ」と述べた。

さらに、12月7日には、アーミテージ元米国務副長官、ハーバード大学のナイ特別功労教授ら米国の超党派の知日派有識者が、バイデン次期米政権と菅義偉政権が「安全保障上の最大の課題」である中国との「競争的共存」に向け、日米同盟を強化していくべきだとする報告書として「アーミテージ・ナイ報告」を発表した。同報告の中で、「ファイブアイズ」に日本を加えた「シックスアイズ」の実現に向け、日米が真剣に努力すべきだと提唱した。

ファイブアイズとはUKUSA協定（1946年に当初は米英で合意、のちにカナダ（19

48年〕、オーストラリア、ニュージーランド〔共に1956年〕も加盟）に基づいた5カ国（英語を母語とするアングロサクソン系の国々）でシギント（通信、電磁波、信号等の、主として傍受を利用した諜報・諜報活動のこと）を行う枠組みの呼称である。

これら5カ国は、米国のCIAや英国のSIS（MI6）のようなスパイを使ったヒューミント（人を媒介とした諜報活動のこと）を収集分析する情報機関の他にシギント専門の情報機関を運用している。すなわち、米国の国家安全保障局（NSA）、英国の政府通信本部（GCHQ）、カナダの通信安全保障局（CSE）、オーストラリアの信号総局（ASD）、ニュージーランドの政府通信保安局（GCSB）である。

日本にも、シギントを専門にする組織として、防衛省情報本部電波部がある。電波部の前身は、旧陸軍中央特種情報部（特情部）出身の自衛官を中心に設置された陸上幕僚監部第2部別室（通称「二別」）、次いで二別を改編した（1978年）陸上幕僚監部調査部調査第2課別室（通称：「調別」）である。二別から今日の情報本部電波部まで、この部門は防衛庁・省の組織にはあるものの、警察庁と同庁の事実上の出先機関である内閣情報調査室に直結している。別室長は防衛庁（当時）より先に警察庁に情報を上げて、警察庁が警察の独自情報として総理官邸に傍受情報を報告していた。このため情報本部が創設されてからも電波部長には代々警察官僚が出向・就任している。

私は、情報本部創設時（1997年1月）の初代画像部長（衛星画像情報）に就任した。電波部の業務の詳細は知る立場にはないものの、直感的にその大枠については推察できたつもりだ。電波部は東千歳、小舟渡、大井、美保、太刀洗、喜界島に通信所（通信傍受システム）を有し、冷戦時代はソ連を、現在は中国を主ターゲット（狭いエリアではあるが米中覇権争いの中では今や最重要スポット）に情報収集を行っているものと思う。

収集したデータは、恐らく、米国のNSA（巨大なシギントのデータベースと分析のノウハウを保有）に送られ、分析・処理され、その「お駄賃」として一定の情報（米国に都合の良い情報）を頂戴する取り決めになっているものと思う。その実力のほどは、大韓航空機撃墜事件（1983年）の際には、ソ連戦闘機からの「ミサイル発射」の音声を記録したことで知られる。

米国とは既にこのような協力関係が培われた経緯がある中で、私には「今さら日本をファイブアイズに加盟させるという米英の魂胆は何なのか？」という素朴な疑問が湧く。

日本の情報機能本格強化も視野に？

情報本部電波部で収集しているシギント情報はファイブアイズの国々が集めているものには種類・質・量の面でいずれも遠く及ばないと思われる。米英は、そのことを承知の上で、日本の情報面における飛躍的な能力強化を求めているのかもしれない。もちろん、その能力強化の中身には、シギント情報のみならず、米国のCIAや英国のSIS（MI6）のようなスパイを使ったヒューミント情報を取集分析する国家情報機関の創設までも視野にあるのかもしれない。

米国は、70年以上も庇護（支配）下に置いた日本（軍事〈自衛隊〉と同様に、情報弱体国家）に情報能力を強化させたうえで、アングロサクソン系の国家陣営にしっかりと取り込んで、中国との覇権争いの戦列に加えるという魂胆かもしれない。このことは、「日本の民主化・非軍事化」という戦後の対日政策とは明らかに「逆コース」である。米英は、中国との覇権争いで、日本に「逆コース」に進んでもらわなければならないほど、すなわち「猫の手も借りたいほど」苦境に立っているのかもしれない。

米英が日本をファイブアイズに加盟させる条件として「米英などが日本に提供する機密情報が中国に漏洩しない」体制作りが必要である。そのためには、第1に、日本の防諜体制の強化が必須である。防諜体制強化の焦点は、セキュリティクリアランスというシステムを導入することである。セキュリティクリアランスとは、機密情報にアクセスできる限られた職員に対して、その適格性を確認する制度、または機密情報に触れることができる資格のことだ。トップシークレットのクリアランス（機密情報取扱許可）を得るには、「スパイの疑いが全くない」ことが条件だ。その条件を満たすためには、生い立ちや家族・親類・友人・異性関係、性癖から渡航歴（「敵性国家」との接点が疑われないか）などに至るまで微に入り細を穿《うが》つ徹底した身辺調査を行い、嘘発見器による検査などもクリアする必要がある。

第2は、厳格なスパイ防止法の制定である。日本には、ファイブアイズ加盟各国が備えているレベルのスパイ防止法——スパイを徹底監視・摘発し、厳しい罰則（極刑を含む）を与える法制——がない。それもそのはず、日本は「スパイ天国」と揶揄される体たらくなのだ。

私は、なおも腹黒で狡猾な米英の魂胆を疑う。地政学的に見て、米英もカナダ、オーストラリア、ニュージーランドも日本に比べれば中国からの地理的な距離は遠い。中国台頭というい わば超巨大津波が襲いかかり、その防波堤の役目を担わされるのは中国に隣接した日本だ。そこでアングロサクソン系諸国家は、「ファイブアイズに加盟させてやるぞ」と日本を持ち上げて、日本をその気（中国と真っ向対立）にさせようとしているのではないか。ファイブアイズ加盟

第１図　海洋プレッシャー戦略のイメージ図

地上配備の米陸空戦力は
中国軍の海上・空中機動を阻止
潜水艦とステルス戦闘機は
優先度の高い敵方作戦を実施
大規模な米海空戦力は第一
列島線の後方で展開・作戦
し、島嶼の間隔を閉塞する
インサイド戦力
アウトサイド戦力
必要により米本土から
緊急増援部隊
アウトサイド戦力は様々な
方向からの攻撃を実施
水陸両用部隊は前方基地を確立する
無人機・艇と連絡システムは移動式
地上配備発射機のセンサー・通信手
段として敵前方に留まる

米戦略予算評価センターの「TIGHTENING THE CHAIN」と題する報告書31ページにある図を基に著者が作成。

の誘いは、いわば「変化球」という見方だ。

アングロサクソン系国家の盟主である米国は、トランプ政権時代に対中国戦略として海洋プレッシャー戦略（ＭＰＳ）を採用し、その態勢づくりを進めている。ＭＰＳでは、第１図のように第１列島線（九州〜沖縄〜台湾〜フィリピン〜ボルネオ島ライン）の島々に直接米陸軍・海兵隊――インサイド戦力（Inside Force）――を配備し、地対艦ミサイル（射程５００〜５５００㎞）・地対空ミサイルや電子戦システムなどにより日本を含む列島線を「要塞化」し、自衛隊などの同盟軍などと協力して東・南シナ海内の中国海・空軍を打撃できる体制を敷く。加えて、空母機動部隊を含む海空の大兵力――アウトサイド戦力（Outside Force）――を第1列島線以東に「後詰め」として配備・運用する。

米軍は、主敵を従来のテロリストから中国に転換・変更し、編制・装備に大改革を加えている。米軍の尖兵となる海兵隊は、今後10年間で戦車部隊を全廃するほか砲兵隊を大幅に削減し、対艦ミサイル装備の海兵沿岸連隊（MLR）を3個連隊創設し、沖縄とグアム・ハワイに配置する方針だ。その狙いは、中国が「接近阻止・領域拒否（A2／AD）戦略」に基づいて、東・南シナ海の支配や西太平洋で米海空軍の活動を阻む作戦を採ることを牽制《けんせい》し、制海権確保につなげることにある。

この戦略は、一見日本の国防に貢献するように思えるが、実は「日本のみが戦場になる」ことを意味し、「両刃の剣」だ。日本がこの戦略を認め、MLRを沖縄に受け入れるかどうかの決断には、「米国と心中」する覚悟が必要だ。骨の髄まで「自らの安全を米国依存する」ことに慣れてしまった日本――まるで植民地――は、米国に「NO」と言えるだろうか。

米英は、MLRの配備や核弾頭付きのミサイルの搬入を日本に受け入れさせるための環境づくり（非核三原則の見直し、当初は「持ち込ませず」の廃止）の布石として「日本のファイブアイズ加盟」を持ち出しているのかもしれない。これに興味を示す河野前防衛大臣は父親・洋平氏（中国エージェント?）とは真逆の米英シンパ（エージェントとまでは言わないが）なのかもしれない。情報の世界では、「在り得ないことも在り得る」と考えなければ、敵にしてやられる恐れがあるのだ。

日本が置かれた状況は「前門の虎（中国）、後門の狼（米国）」というところだろうか。今こそ日本人は賢明にならなければならない。さもなければ米中に翻弄される。国家情報（インテリジェンス）の土台は、「自立の精神（Independence）」と「賢さ（Intelligence）」だと思う。

ジョンブル魂いまだ健在なり

前述の論考をメモにして、英国に勤務する東郷氏（仮名、ある商社勤務で国際情勢に明るい）にメールで、「日本のファイブアイズ加盟を目論む英下院外交委員長の魂胆は？」と所見を求めたところ、以下のような回答が寄せられた。

「最近の英国の日本に対するアプローチは、特に安全保障面において、かつてなく積極的なものとなっています。その背景には、『グローバル・ブリテン』たる英国が、極東に影響力を行使するための足掛かりとして、日本を利用したいとの考えがあるものと思われます。

例えば、以下のリーク報道によれば、英軍は空母1隻を極東に常駐させる計画を立案しているとのことです。(https://www.thetimes.co.uk/edition/news/britain-set-to-confront-china-with-new-aircraft-carrier-v2gnwrr88)

英国防省は公式には『まだ何も決定されていない』と、肯定も否定もしていないようですが、少なくとも、彼らにはそういう野心はあると思います。

ファイブアイズの件についても、構図・発想は同じではないかと考えます」

東郷氏のリーク報道情報以前に、メイ首相政権下(２０１６年7月~19年7月)、ウィリアムソン英国防相は２０１９年2月の講演で、最新鋭空母「クイーン・エリザベス」を太平洋に派遣すると発表した。

上記のリーク報道記事(２０２０年7月１４日)のように、メイ政権を受け継いだ、ボリス・ジョンソン政権(19年7月24日)も、「クイーン・エリザベス」の極東派遣戦略を継承した。最新の情報として、２０２０年12月5日付の共同通信は、「複数の日本政府関係者の話として、イギリス海軍が２０２１年初頭に、空母『クイーン・エリザベス』を中核とする空母打撃群を、日本の南西諸島周辺を含む西太平洋に長期展開させる」と報じた。

当然のことながら中国は英国の決定に強く反発し、当時のハモンド財務相の訪中はドタキャンとなった。同財務相の訪中では、化粧品と鶏肉の100億ポンド規模の貿易協定を結ぶ予定だったと言われている。

英国は、中国との経済関係を犠牲にしてまでも「米英同盟」の強化に踏み切る考えのようである。「米英同盟」の延長上には、中国包囲網の構築を念頭にアングロサクソン系の国々（他にはオーストラリア、カナダ、ニュージーランド）、さらに言えば海洋国家日本との連携があるのだろう。

「クイーン・エリザベス」の太平洋派遣は、中国による南シナ海の軍事基地化と海洋進出を許さないという強い意思表明となる。ウィリアムソン国防相（当時）は講演で、ロシアと中国を名指しして軍事的台頭に対する警戒感を表明した上で、「（空母派遣などを通じて）我々の安全と繁栄の礎となっている、ルールに基づく国際秩序を支えるために行動する」と強調した。

「クイーン・エリザベス」は米国製の最新鋭戦闘機F35を艦載し、地中海や中東周辺海域も航行するという。「クイーン・エリザベス」の極東派遣は、中国の一帯一路戦略の海のシルクロード（南シナ海～インド洋～地中海）とロシアの黒海から地中海に進出する企図の双方に対抗できる構えになっている。もとより、米豪海軍などとの連携を視野に入れていることは言うまでもない。

英国は海軍の太平洋進出を恒久化できるよう、近い将来、アジアに海軍基地を造る計画も立てている。かつて植民地・保護領としていたシンガポール、ブルネイが候補に挙がっているが、第2次世界大戦後、「スエズの東」から撤退した大英帝国海軍を再び世界の表舞台に復活させようというのが、英国のEU離脱後の軍事戦略のようだ。「ジョンブル魂いまだ衰えず」の感がある。

英国では、「クイーン・エリザベス」のアジア太平洋地域派遣について賛否両論が巻き起こった。フィナンシャル・タイムズ紙は、同空母の派遣を批判的に報じている。同紙は、当時のハモンド財務相とハント外相を筆頭とする経済的親中派・ハト派と、ウィリアムソン国防相を中心とするタカ派の溝は深いとしている。

米中覇権争いを受けて、各国内で「親米陣営・世論」と「親中陣営・世論」が激しい葛藤を繰り広げるのは当然の流れだ。菅新政権誕生後の日本においてもそれは同じだろう。各国は、その国益・生き残りを懸けて「米国か中国かの選択」を強いられる。それはあたかも関ヶ原の戦いを目前に控え、大名たちが「徳川家康方に付くか、石田三成方に付くか」と、煩悶《はんもん》したのと同じ構図だ。

友人の東郷氏が指摘したように、英国が仄《ほの》めかす「日本のファイブアイズ加盟」は、このような英国の新戦略に端を発するものであろう。歴史的に見れば、英国は、ロシア帝国の極東進出政策への対抗を目的とした日英同盟（1902年）の成功を念頭に置いているのかもしれない。

ファイブアイズ加盟の意義

海洋国家の日本も、日露戦争の奇禍を克服した歴史を顧みれば、今日の対中戦略として、アングロサクソン系の「英米豪加新」との連携を強化するのが得策ではあるまいか。「英米豪加新」との連携を強化する紐帯《ちゅうたい》としては「イデオロギー（自由民主主義）」、「軍事」、「外交」などと同列に「情報」――ファイブアイズ加盟など――の重要性に着目すべきであろう。日露戦争においては、英国が世界に張り巡らせた諜報網と当時完成したばかりの世界規模の海底ケーブル通信によりバルチック艦隊の動向などを的確に把握するとともに、海洋支配力により同艦隊の入港や給炭を妨害したことが日本勝利の大きな力となった。

米海軍と英海軍が世界の「7つの海」を支配することに海上自衛隊が大きく貢献しているこ

とに加え、日本がファイブアイズに加盟することにより、情報本部・電波部が情報面で大きな役割を担うことになれば、英米豪加新との紐帯を強化することができる。それは我が国の生き残り戦略にとって画期的なこととなろう。

海洋国家の日本は、歴史的な経験から、海洋国家の米英と組めば、勝利・平和と繁栄を手に入れることができるが、反対に、米英を敵に回し大陸国家（ドイツや中国）と手を組めば、敗北・衰亡の道を辿ることを学んだ。日本がアングロサクソン系の「英米豪加新」と連携することは、「吉」につながるものと確信する。

第1章

ハーバードで思い知った世界のインテリジェンス

私は、２００５年3月に陸上自衛隊を定年退官し、6月から2年間にわたりハーバード大学アジアセンターの上級客員研究員として、アメリカを見聞する機会をいただいた。

ボストンに住んで、ハーバード大学やマサチューセッツ工科大学の講義を自由に聴講できる立場だった。好奇心の強い私は、様々な講義を受講するとともに多くのアメリカ人教授、学生や留学生などとの交流を楽しんだ。

この間、特に印象に残ったことは、日本政府のインテリジェンス活動のレベルが世界のスタンダードとは甚だしくかけ離れていることである。以下、これに関するエピソードを紹介する。

冷戦崩壊の戦利品――ソ連・東欧の諜報活動・成果の暴露

ボストン滞在中の２００６年11月、インテリジェンスに関する大変興味深いハーバード大学のセミナーに参加した。このセミナーは、同大学が実施している「冷戦研究プロジェクト・セミナー」の一環として行われていたものだ。この日はベルギーから来たアイデスバルド・ゴディーリス博士（当時32歳）が「ポーランド人民共和国の諜報活動」という題でセミナーを行った。

同博士によれば、東欧革命により、ポーランド人民共和国（共産党政権）に代わったポーランド第三共和国は、共産党政権の諜報機関が収集した膨大な量の情報・資料を限定的ながら公開しているという。その文書の量は、積み重ねると160㎞もの厚さになるそうだ。

これらの情報・資料は、共産党政権誕生（1947年）以降のもので、初期のものは統一性・一貫性に欠け、何でもかんでも手当たり次第に集め、収納していた様子だった。しかし年とともに、徐々に質の高い一貫性のあるものになってきたという。

情報組織の常として、発足当時はノウハウが分からず、試行錯誤を重ねるが、時がたつにつれ、徐々に効率的な一貫性のある諜報活動ができるようになるものだ。

同博士は、いくつかの諜報活動の成果のコピーを提示した。第1には、「防諜活動」に関するもので、ポーランドに駐在する外国の駐在武官の諜報活動の証拠写真だった。アメリカの駐在武官と思われる私服の男が駐車した車のドアを半開きにしたまま体を乗り出して、重要施設の写真を撮っている写真だ。私も韓国で防衛駐在官（1990～93年）の経験があり、私の諜報活動が韓国の防諜機関から同様に監視されていたのかと思うと「ゾッ」とした。

第2は、ポーランド人民共和国政府の外務大臣が西欧の民主主義国家を訪問した際の写真だった。当時は、政府閣僚でさえも「西側と内通するなど、おかしなことをしていないか？」と常に監視の目が向けられていたということだ。

第3は、ポーランドの駐在武官が外国で収集した軍事情報を記録した機密電報のコピー。私にはポーランド語は分からないが、これを読めば、当時の共産党政権のポーランドが軍事的にどのような対象に興味を持っていたのか、あるいは情報源などが明らかになる。

同博士によれば、当時の共産党政府においては、電話の盗聴はもとより、トイレの中にまで盗聴器を仕掛け、気楽に話している内容を盗聴していた証拠文書があるという。そのようなことは、現在も各国で行われていると思った方がよいのではないだろうか。

付言しておくが、ポーランドはいずれの政権であろうと、そもそも「諜報大国」である。なぜなら、ドイツ、ロシア・ソ連、オーストリアなど周囲を強大国に囲まれたポーランドでは、侵略の機会をうかがう大国の脅威に対処するために諜報機関が発達し、活発な諜報活動を実施せざるを得ないからである。

とりわけ、第2次世界大戦前（ヒトラーのポーランド侵攻）までは、東に共産主義勢力の膨張を画策するスターリンと、西に第1次世界大戦で失った領土回復を狙うヒトラーという2人の独裁者に挟まれており、ポーランドは生き残りを懸けた活発な諜報活動を展開した。もちろん、ドイツとソ連によって分割されたあとも、ポーランドの亡命政権は連合軍の一翼を担い懸命な諜報活動を継続した。

ポーランドは、大戦以前からソ連とドイツにはくまなく諜報員を潜入させ、開戦後は、ナチス・ドイツが用いたローター式暗号機である「エニグマ（Enigma）」——難攻不落といわれた——解読の糸口をつかむという快挙を成し遂げている。このことが、連合国側のエニグマ解読の成功につながったのは言うまでもない。

冷戦崩壊に伴い、ポーランドはもとよりソ連、東ドイツ、チェコ、ウクライナ、バルト3国など多数の東欧諸国の共産主義政権が崩壊したが、この際、新生の民主政権は一定の限度・基準を設けて旧共産主義政権下における諜報活動とその成果を開示した。これは、米英など西側諸国にとっては「冷戦勝利の戦利品」に他ならないのではないか。

以下は私見である。このようにソ連・東欧諸国の諜報組織——人民の敵——の壊滅に伴う「諜報活動・成果の開示」は、西側、なかんずく米国のCIAなどにとっては、ソ連のKGBを中心とする①諜報組織の解明、②諜報活動内容の把握、③長期にわたり西側に浸透したスパイ名の特定等に役立つ、いわば「宝の山」というべきものであったろう。

一方、共産主義政権崩壊後誕生した東欧の新たな民主政権も、旧体制の情報活動などについて公開することについては、複雑な思いを持ったはずだ。新政権の要人は、旧体制下では「反体制派」として情報・治安機関に弾圧された忌まわしい思い出があり、この際「リベンジ」として一気に旧政権のインテリジェンス活動を白日の下に晒したいという衝動に駆られたに違いない。しかしよく考えてみると、新政権も政府・国家体制を維持するためには旧政権のインテリジェンスの基盤を継承せざるを得ないところもあったことだろう。したがって、東欧各国が実際に行っているようにインテリジェンスの公開に当たっては、内容・接見者などを「選択的」に行わざるを得なかったのかもしれない。

米国のCIAなどは、冷戦崩壊時のドサクサに紛れ、「ハゲタカ」のごとくソ連・東欧諸国の諜報組織・活動などを暴き、相当の成果を上げたものとみられる。実際、このセミナーの司会を務めたハーバード大学のクレーマー教授（インテリジェンス問題の権威）も私の質問に対し、米国のCIAなどがソ連・東欧から膨大な情報資料を持ち出していることを認め、その一部が既にインターネット上（www.cia.gov）で公開されている旨答えた。

そういえば、第2次世界大戦直後にも似たような話があった。第2次世界大戦中、ドイツ陸軍参謀本部東方外国課長として対ソ連諜報を担当したゲーレン大佐は、バイエルン山中に埋めた防水ケース50個に詰め込まれたソ連軍事情報（飛行場、発電所、軍需工場、精油所などを含む広範な情報）を取引材料、すなわち〝手土産〟として、アメリカの占領地域で投降した。その後、部下も含めて、ナチス・ドイツとの関りを免罪してもらい、対ソ連諜報機関として「ゲーレン機関」を立ち上げ、のちのドイツ連邦情報庁（ＢＮＤ）創設につなげた。このように、諜報活動・成果に関する人材や文書・図画などは立派な「戦利品」ないしは様々な問題の「取引材料」になり得るのだ。

こうして米国は冷戦後、諜報の世界においても盤石の地位――世界支配体制――を築いたかに見えた。しかしそううまくはいかなかった。ご承知のように、テロに対する諜報戦においては、冷戦構造崩壊の「配当・戦利品」はほとんど役に立たなかったからだ。

私は、陸上幕僚監部調査部調査第２課長（国外情報主管）時代の１９９６年10月に、ロシアとウクライナに出張した際、ウクライナの諜報局を訪問したことがある。旧共産主義政権が崩壊し数年を経た頃である。先方は、私の訪問の真意を測りかねたものと見え、いろいろ質問してきた。ウクライナの諜報局は、私が米国のＣＩＡなどと同様に旧共産主義政権が持っていたソ連（ＫＧＢ）関係の情報をもらいに来たものと思ったらしい。初対面で、相手は緊張した面持ちで、「インテリジェンスについては、貴国『陸軍』との間に『情報協定』を締結しなければ、何も出せない」と一方的に答えた。

「そんなに、大げさな話じゃない」と応じたが、先方には通じなかった。

私は、軽い気持ちで、旧ソ連に関するわずかな情報でも「出張の手土産」にくれないかと期待していただけに、相手の大真面目な話に面食らった。

ウクライナ諜報局の担当将校（大佐）は「諜報は国家の一大事」であることを百も承知のツワモノだったのである。私は、陸上自衛隊の情報担当の課長とはいえ、諜報に関する世界スタンダードの認識が甘かったと反省した次第である。

ゴディーリス博士がセミナーで指摘したように、国境を連ねる欧州各国は、長い戦いの歴史（同時に諜報の歴史）を持っており、日本から見れば、経済的に小国としか映らない国々も、国家の生き残りを懸けた諜報活動には例外なく最大限の努力をしているのである。諜報・情報に疎い日本・日本人とは大違いだ。

私が駐韓国防衛駐在官の頃（１９９０~93年）、ある欧州のX国の駐在武官と韓国陸軍の編制表の一部について情報交換をしたことがある。私は、彼が提示した編制表を見て、「東アジアから遠く離れたX国が韓国の陸軍について、どうしてこんなにも詳細に知っているのか」と、驚いたものだ。

日本では、冷戦構造崩壊の好機に乗じて、欧米のようにソ連・東欧の諜報組織・活動などの解明努力をしたであろうか。私の知る限りでは「否」である。情報の重要性をDNAの中に刻み込んでいない日本民族の「性《さが》」としては仕方のないことかもしれない。

ハーバード大学遊学中はこう思っていた私だったが、ところがどっこい、日本国内でもソ連崩壊に伴うKGB文書などの暴露・漏洩に強い関心を抱いていた人たちがいたのだ。ハーバード遊学を終え、日本に帰国後のことだが、このテーマにちなんで大変興味深い話を聞いた。それはレフチェンコ事件に関連するものだ。

レフチェンコ事件とは、ソ連の国際問題週刊誌「ノーボエ・ブレーミャ」の東京特派員に偽装して、日本国内で工作活動をしていたソ連国家保安委員会（KGB）のレフチェンコ少佐がアメリカに亡命し、1982年7月14日になって、米下院情報特別委員会の秘密聴聞会の場でその活動内容を暴露した事件である。特に日本にとっては大きな衝撃となった。

アメリカ当局が伝えるところによれば、レフチェンコは多数の日本人をエージェントとして直接操り、代価も支払っていたという。彼は、33人のコードネームとして9人の実名を含め計33人のコードネームを明らかにした。アメリカ当局は、33人のコードネームの人物についても、当時の中曽根総理大臣と後藤田官房長官には伝えていたといわれる。

レフチェンコから名指しを受けたのは、「フーバー」の石田博英元労相、「ギャバー」の勝間田清一元社会党委員長、「グレース」の伊藤茂社会党代議士、「ウラノフ」の上田卓三社会党代議士、「カント」の山根卓二サンケイ新聞編集局次長、「クラスノフ」の瀬島龍三伊藤忠商事会長など9人で、肩書きはいずれも1979年当時のものである。当然のことだが、彼らは一様に「事実無根」「身に覚えがない」などと疑惑を全否定した。アメリカ議会での秘密証言なら、実証のしようがないと踏んだのかもしれない。

工作の具体的例として次のようなものを挙げたという。

●サンケイ新聞が、周恩来中国首相の死亡（1976年1月）後に、同月23日付朝刊「今日のレポート」欄で、ある筋の情報として紹介した周首相の遺言とされる文書はKGBの偽作だった。

●「ナザール」「レンゴー」のコード名の外務省職員は、秘密公電のコピーなどを大量に提供してくれた。

●「シュバイク」のコード名の公安関係者はマスコミ関係者の「アレス」経由で公安情報を流してくれた。

この米当局からの伝聞情報を確認するために、警察は1983年3月、警察庁警備局外事課と警視庁公安部外事第一課から2人の係官を渡米させ、極秘裏に直接レフチェンコから事情聴取を行ったほか、エージェントとされた人物からの事情聴取を進めるなど事実関係の調査を行った。この調査結果について、警察庁は同年5月23日、「レフチェンコが直接接触していたエージェントは国会議員を含む11人にのぼったが、公訴時効の壁や物的証拠が乏しいなどから捜査の端緒が得られず、刑事事件として立件することは無理」と公式に発表した。

また、外務省も、「ナザール」「レンゴー」と呼ばれる人物の特定や秘密公電漏洩の事実などについて省独自の調査を行ったが、二人の特定には至らず、同年5月末までに「機密漏洩の事実はない」との結論に達したという。

私がこの捜査・調査結果を見て思うのは「脛《すね》に傷のある政府、与野党、関係省庁が互いにかばい合い、脛の傷を広げない」という「落としどころ」で、うやむやのうちに一種の談合をやったのではないかということだ。

しかし、疑惑は決して消えることはない。瀬島氏はレフチェンコの証言で、自身への疑惑が流布しているのを恐れていたようだ。元自衛隊調査学校研究員の松本重夫氏はその著書『自衛隊「影の部隊」情報戦秘録』(アスペクト)の中で、瀬島氏とのやりとりを次のように書いている。2人の面談は、瀬島氏が1981〜83年の第2次臨時行政調査会(土光臨調)の委員を務めていた頃のようだ。

「これを頼めるのはどうやら君しかいないようだ」

私がKGBに正確な情報源を持っていると知り、瀬島さんが頼んできたこと、それは、

「僕のソ連での情報がどうなっているか、正確な調査をしてもらえないか」

というものだった。

「もうそれは終わっています」

私がそう答えると瀬島さんはけげんな表情をされた。

土光臨調の委員といえば閣僚のようなものである。当局はその身辺をすべて調べ上げる必要があった。私は当局から依頼を受けてKGBに確認を取って、問題ないという結論を得ていたのである。

当局が気にしていたのは、瀬島さんのソ連抑留時代について不穏当なうわさが流され、マスコミなどでも取り上げられ始めていたからだ。

1945(昭和20)年8月19日に開かれた日ソ停戦会議で、日本側出席者から「役務賠償」提供の申し入れが行われ、60万人もの日本将兵がシベリアに抑留された引き金となったのではないか、との疑惑だった。その時の日本側代表者の中に瀬島龍三さん(当時は陸軍中佐)がいた。この会談で秘密交渉が行われ、瀬島さんが関東軍将兵による「役務賠償」を提案した張本人ではないかという疑惑である。

しかしＳＩＭ（筆者注：直接ソ連中央のＫＧＢ幹部につながるパイプを持つある日本人のペンネーム、同著188ページ）の調査によって、そのような記録はＫＧＢに残っていない、つまりそのような事実はなく、瀬島龍三さんが政府の要職にあってもソ連から付け入られるような弱味は全くないことを確認したのだ。

「そういうことですから安心してください」

私は瀬島さんに説明した。しかし、瀬島さんはもう一度改めて確認を取ってほしいと私に頼んできた。それは確実さを求める軍人らしい考え方でもあった。私は再度ＳＩＭに調査を頼んだ。結果は当然のことながら同じものだった。

松本氏は著書で瀬島氏のソ連疑惑を「白」としているが、私は逆に「黒」の思いを強くする。松本氏は瀬島氏の「僕のソ連での情報がどうなっているか、正確な調査をしてもらえないか」という相談を、『役務賠償』提供を瀬島氏が言い出したのではないことを調査してもらいたい」と理解しているようだが、瀬島氏は「スパイ疑惑の確認」を求めたのではないだろうか。

既述のように、瀬島氏と松本氏が会ったのは1981〜83年の第2次臨時行政調査会（土光臨調）時代とみられるが、その前の1979年10月24日にレフチェンコがアメリカに政治亡命し、

1982年7月14日には米下院情報特別委員会の秘密聴聞会で証言（暴露）している。瀬島氏が恐れたのは自身がソ連のスパイであることが明るみに出ることではなかったのだろうか。二度も執拗に松本氏に調査を依頼したのは、自身のスパイ疑惑が暴露されることを恐れたからだろう。また、松本氏がそのことについてSIM氏を通じてKGBに問い合わせ「白」の回答を得たことで、瀬島氏に「安心してください」と言うのも解せない。なぜなら、KGBにしてみれば「しめしめ、瀬島が第2次臨時行政調査会の委員にまで上り詰めたぞ、利用のしがいがあるぞ」と考え、本当のことなど言うはずがない。このやりとりを見れば、限りなく「黒」と言わざるを得ない。

また、別の情報通によれば、冷戦崩壊後、伊藤忠商事の社員がモスクワに飛び、瀬島龍三氏（当時伊藤忠商事の副社長）に関するKGB文書が売りに出されていないか八方手を尽くして探していたという。「事実無根」「身に覚えがない」などと疑惑を否定したはずの瀬島氏であったが、このような動きを見る限り、スパイ疑惑は払拭できないと思われる。

話はハーバード大学のセミナーに戻るが、終了後に、私がクレーマー教授に「これらソ連・東欧の旧共産主義諸国の情報活動を調査して、今日台頭している中国のインテリジェンス活動について明らかになったことがありますか」と質問をした。

同教授は、「例えばブルガリア（冷戦下では共産党政権、ソ連の衛星国家）の情報当局の記録でも、同国に留学していた中国人留学生はほぼ全員が諜報活動をしていたことが明らかにされています。アメリカに来ている中国人留学生もその一部は当然そういうミッションを持っていると思います」と答えた。

私は、ハーバード大学に留学中の日本人学生から同窓の中国人留学生達についての観察所見を聞いたことがある。クレーマー教授も指摘した中国人留学生の諜報活動を示唆するものと思われるので、以下紹介したい。

「中国人留学生同士の連帯・協力意識は、日本人留学生同士のそれに比べ圧倒的に強いと思います。その一端は、学内における文化交流祭などで印象付けられました。中国人留学生は単なる文化交流会などとは考えず、この機会を親中イメージづくりに最大限に活用しようと組織的に取り組んでいます。その様子は、ジョセフ・ナイ教授の『ソフトパワーの理論』を実際的に応用している観があります。例えば、インターナショナルイベントやカルチャーイベントにおいてはプロ顔負けの一流の舞踏・楽器演奏（グループと個人で）を披露し、各国の学生を驚かせました。私達日本人留学生は勉強するだけで精いっぱいなのに、中国人留学生は、いつ、どこで集団的・統一的に練習しているのだろうと不思議に思いました。これらの中国人留学生の活動が、自発的なのか、あるいは、誰かの指令で一元的・組織的に動いているのか定かではありませんが、全中国人留学生を一元的に管理し、情報の共有や目標の統一などを図っているのではないかと思いました」

ハニートラップ体験記

私は、ボストンに到着後、すぐに英語学習を始めようと思った。その心境はまさに「60の手習い」だった。ハーバード大学は公開講座(Extension School)の一環として外国人(非アメリカ人)向けに英語教育(約6カ月間)を実施している。

ハーバード大学の公開講座は、英語のほか日本語、アラビア語、中国語、フランス語、ドイツ語、ヒンドゥー語、イタリア語、韓国語、ラテン語、ポルトガル語、ロシア語、スペイン語、スワヒリ語、スウェーデン語、トルコ語などの語学教育があるほか、芸術、人類学、アフリカ系アメリカ人の研究、生化学、生物学、科学、ギリシア古典、ビジネス通信、コンピューターサイエンス、創作文学、ドラマ芸術、エンジニアリングサイエンス、環境学、経済学、気象学、外国文学、文化学、政治、歴史、芸術・建築史、科学史、人類社会学、情報システム管理、法学、言語学、マネジメントオペレーション、マーケティング、数学、医科学、博物館学、音楽、自然科学、組織・人材活用学、哲学、心理学、公衆衛生、宗教、社会科学、社会学、話術、統計学、スタジオ芸術、映画、学習・研究技法などと広範多岐にわたっている。

公開講座を開くことに関し、ハーバード大学の立場としては、公共教育機関という側面を打ち出し、努めて多くの国民（外国人を含む）に門戸を開き、自らの教育資源を提供するとともに、学校経営上、遊休資源を活用できるという利点があろう。ちなみに、アメリカの大学では、夏休みが6～9月までの3カ月程度、冬休みが12～1月までの1カ月程度、春休みが3月下旬～4月上旬までの2週間程度となっている。

また、公開講座を利用する立場にとっては、世界に名高いハーバード大学の学生とほぼ同じクオリティの教育が同大学の施設の中で受けられる他、正規コースの「単位」としても認められるという利点がある。

学校当局に聞いてみると、私が申し込んだ英語教育の受講者だけでも629人に上るという。したがって、英語教育以外の公開講座全体の受講者を含めれば、相当な数に上るものと思われる。

英語の公開講座を受講するに当たり、「読む・書く・話す・聞く」の各分野の評価テストがあり、私は「中程度」の判定を受け、クラスを指定された。

9月2日の最初の授業で、小テスト（「歴史」というテーマの小論文記述とクラス全員によるフリーディスカッション）があり、一段階上のクラスに繰り上げになった。当初のクラスには、中国、韓国はもとよりロシア、スイス、トルコ、ルーマニアなど多彩な国の人々がいたが、次のクラス（10名編成）は私のほか中国人と韓国人の女性がそれぞれ1名ずつの他は7名すべてがヒスパニックであった。ちなみに、全体的に見て、英語教育の公開講座を受講する者はヒスパニックが圧倒的に多かった。おそらく、移民の関係なのだろう。ヒスパニックとは、メキシコやプエルトリコ、キューバなど中南米のスペイン語圏諸国からアメリカに渡ってきた移民とその子孫（人種的には白人、黒人、インディオ、混血など）をいう。

先に述べたが、私のクラスには中国人の女性がいた。年齢は、20代後半だったろうか。オードリー・ヘプバーンによく似たスラリとした美人だった。彼女は、自分の名前を中国名では言わず、イニシャルで「ケイ・ティ」と自己紹介した。週2回の授業中は、控えめであまり発言しなかった。休み時間も他の学生とおしゃべりすることもないようだった。私も何度か話しかけたことがあったが、愛想ない返事で、会話らしいものには一度も発展しなかった。

ところが、である。約半年の公開講座が終了する最後の授業で、今まで控えめで、ひっそりと過ごしていた彼女が、突然変身したのだ。

「私は、皆さんとの良き思い出を大切にしたいので写真を撮らせてください」と言うやいなや、日本製のカメラでクラスメートに愛嬌をふりまきながらシャッターを押し続けた。私の印象では、他の誰よりも私個人の写真をたくさん撮っていたと思う。私に焦点を当てて撮影するのをカモフラージュするかのごとく、他のクラスメートを「言い訳程度」に撮っているような感じだった。今までろくに会話もしていないのに、「タカシ、タカシ」と私の名を親しげに呼んだ。

私は、インテリジェンスに関わった者として、この写真撮影に違和感を覚えた。西ドイツ連邦情報局（BND）創設の功労者で、初代長官となったラインハルト・ゲーレンはその回顧録『諜報・工作』（読売新聞社）の中で次のように述べている。

「稚拙なことと思われるかもしれないが、『顔写真の台帳』はスパイの仕事では重要な役目を果たすのである。我々は、ソ連原子力スパイの親玉を、たった一枚の写真から見破ったことがある。この男は現在のカンボジア駐在ソ連大使セルゲイ・クドリャフツェフだ」

私は、もう自衛隊の現役将軍でもなく、情報勤務に携わっているわけでもなかったので、「ケイ・ティ」が私の写真を撮影する動機は定かではなかった。ただ、将来私を「中国のエージェント」に取り込んで、何らかの「任務」に使用する「駒」の一つとしての利用価値は否定できない。つまり、「ケイ・ティ」による写真撮影は、私を中国のエージェントとしてリクルートする最初のステップだった可能性がある。

私は、2006年3月、ハーバード大学の公開講座・英語を修了した。クラスメートとは格別親しくしていたわけでもなく、当然のことながら、その後交流もなかった。

ところが、である。07年1月のある日、「ケイ・ティ」が突然アジアセンターの私のオフィス(個室)を訪ねてきた。彼女の「口実」によれば、アジアセンターにアルバイトの口があったので面接に来たのだという。その際、「タカシがアジアセンターにいることを思い出したので、訪ねてきた」のだと言った。よくも私がアジアセンターに個室を持っていることが分かり、それを探し出したものだ。否、私個人に関する情報を入手し、入念な準備なしにはできないはずだが。

私は、とっさの判断でドアを大きく開いたままにした。「ケイ・ティ」が突然私の部屋を訪ねてきたことに、本能的に違和感を覚えたからだ。ドアを開けておけば、万が一「男と女の関係」に発展する可能性を防ぐことができるからだ。

「ケイ・ティ」は、1時間余りも私の部屋で一方的におしゃべりした。公開講座のクラスでの地味な振る舞いや私を黙殺する態度とは完全に違っていて、まるで親しいクラスメートとの懐かしい再会を心から喜んでいる――という振る舞いだった。幾分の媚びさえも感じられた。憂いを込めた目で私を見つめながら、自分の思いを訴えた。

「私、最近悲しいの」

「どうして?」

「アメリカでは、誰でも自動車くらい持てるのに、私は、生涯持てそうもないわ」

「アメリカに留学するくらいのエリートが自動車を持てないはずはないだろう」

「いや持てそうもないわ。今後のことを考えると、希望もなくなってしまうわ」

「そんなはずはないだろう。君のお父様は中国軍の戦略ミサイル部隊『第二砲兵』の将軍だと言っていたじゃないか。お父様の力で何でもできるはずだ」

「それほどでもないわ」

その先の会話で、「ケイ・ティ」はきっとこう話したかったはずだ。「今後、タカシにはいろいろ相談に乗ってほしいの」と。私には、彼女の心が読めるような気がした。

私は、これ以上彼女の身上に関わるような話に巻き込まれると深みにはまると思い、体よく話題を変えた。そして、「次の予定があるから」という口実で彼女にお引き取り願った。

3月ごろになると、オフィスに電話がかかってくるようになった。アメリカに来て以来、私の部屋の電話が鳴ることはなかったが、突然の電話に驚いた。電話を取ったら「ケイ・ティ」からだった。その後はベルが鳴っても受話器を取らないことにした。オフィスに電話をするのは「ケイ・ティ」以外には誰もいなかった。

4月末になって、オフィスに行くとドアの下から手紙が差し込まれていた。「タカシがもうすぐ帰国すると聞きました。その前に是非会いたいと思います。あなたのクラスメートの『ケイ・ティ』より」としたためられ、電話番号が書かれていた。

私は完全に無視する戦術に出た。私の黙殺戦術をどう受け止めたのかは知らないが、それ以上のアプローチはなかった。これが、ハニートラップだったのかどうか一抹の疑念も残る。年齢が父親と同じくらいの男性である私に、相談相手になってもらいたいという単純な動機だったのかもしれない。しかし、もし、ハニートラップだったら、一線を越えてしまっては引き返すことができなかったかもしれない。そう思うと、私の判断・対応は間違っていなかったと確信したい。

「勉強会」に名を借りた諜報活動？

アメリカ滞在中は、『ジャパン・アズ・ナンバーワン――アメリカへの教訓』（阪急コミュニケーションズ）という本を書いたハーバード大学のあの有名なエズラ・ボーゲル教授（2020年12月没）の家に寄宿していた。同教授の家は、イングランド風の木造建築で地下室を含む3階建てだった。私達夫婦が借りていたのは、3階の屋根裏部屋だった。部屋には、天窓が3カ所あって、そこから日光が差し込み、夜はベッドの上から星が見え、雨が降ればリズミカルなドラムの音、雷の日はまるで花火を見るようで、日本では体験できないものだった。

アメリカに行く前には、私はボーゲル教授のことを単に「親日派の学者」という程度しか知らなかった。ボーゲル教授の家に寄宿し、同教授の、大げさに言えば「生き様」を見る思いがした。教授を通じ、アメリカの「官」と「学」の在り方について窺《うかが》い知る思いだった。私しか知り得ない貴重な見聞を、教授のプライバシーを侵害しない範囲で簡単に紹介したい。

教授の生き方で最も感心したのは、飽くなき向学心を持っていることだ。1930年生まれの教授は、私が滞米した2005年から07年当時、70代後半だったが、週2回、中国人の若い女子留学生に個人教授を頼んで、熱心に中国語のレッスンを受けていた。

教授は、日本語のみならず中国語も相当なものだった。おそらくフランス語もドイツ語も自在だろうから、「マルチリンガル」に違いない。英語上達に挑戦するのをためらうレベルの私は、教授の知的な好奇心・情熱に驚かされた。

趣味は、私のような俗人とは異なり、ゴルフなどしない、酒も飲まない。ひたすら本を読み、思索し、研究することが趣味のようだった。夫人が、「福山さん、主人は研究しか趣味がないの」と少し皮肉めいて私に言ったものだ。教授の生活は、学問一筋のようだった。教授は単に学問だけの世界にとどまらず、CIAの高官だったといわれる（アジア担当の分析官・極東部長の経歴）。

ちなみに、アメリカの学者を取り巻く環境は日本と異なり、官学一体あるいは産官学一体という特色があるようだ。日本では昔、吉田茂首相が、東大の南原繁総長に対して「曲学阿世」、「お前達は、無責任に言うことだけ言う」と皮肉を言ったが、アメリカの学者は、行政にも参画する。アメリカでは、大統領が政策課題推進のために行政府の基幹ポストやその側近ポストなどに短期在職を前提に3000人にも上る民間人材を活用する「政治任用制度」が存在する。大学の教授や一般民間人の有識者が、行政府の要職に抜擢される制度は、日本のように各省・庁のキャリアだけが要職に上り詰める人事制度とは異なる。

アメリカでは、日本のような議院内閣制ではないので、国務長官に就任したキッシンジャーの例のように高級官僚のみならず長官級ポストにまで自由・柔軟に民間の人材を登用する。大学教授やシンクタンクの学者が、日本で言えば指定職クラスの要職にどんどん採用され、日頃の研究成果を実地に応用する機会が与えられる。また、その行政ポストから大学に戻り、行政での実践体験を基に新たな研究の土台として生かしている。理論と実践の間を往復するので、学問研究に厚みが増す。単に、口先ばかりの机上の空論にとどまらない――ここが日米の学者の違いだと思う。

当時、先生は、数年前から「ハーバード松下村塾」というものを立ち上げて、日本のキャリア官僚を中心に留学生らを指導していた。月1回自宅に集めて、ピザ、寿司、ワインなどを振る舞いながら勉強会を主催していた。私がボストンに滞在していた頃は、ハーバード大学に留学中の航空自衛官（2佐）が同塾の座長（取りまとめ役）を務め、安全保障、政治、通商産業、教育などいろいろな分野別に約40名の学生を数個のグループに分け、それぞれの分野に関連のある官僚を集めて、教授の前で日本の将来政策についてディスカッションさせる。そして1年間かけて英文のレポートを作ることになっていた。

「ある人物（ミスターX）」が、その勉強会の様子を見ていて、私に相談に来た。

「福山将軍、あの勉強会を見て違和感を覚えませんか？　ボーゲル先生はCIA幹部で国家情報官（ナショナル・インテリジェンス・オフィサー）だったと聞いています。キャリア官僚の学生達に『勉強会参加をやめた方がよい』と諫めるべきではないでしょうか。留学生達は近い将来、日本の行政の中枢で政策を企画立案する立場です。そんな身分・立場の留学生達が自己の専門行政分野の将来政策（10年後）について論議し、1年もかけて英文のレポートをまとめてボーゲル先生に提出するのは『狂気の沙汰』ですよ。その研究レポートはまさに日本の将来政策そのものに限りなく近いもので、『トップシークレット』に値するものです。アメリカにとっては『最高に貴重な情報』ではないでしょうか。特に将来の経済産業政策などがアメリカに知られれば、日本の産業界がアメリカに負けまいと、一生懸命にやっている将来に向けた研究や投資の努力がフイになる恐れがあります。アメリカに日本の『手の内』がバレてしまえば、アメリカはそれを見越して、対抗措置を先行的に実施できるわけです。ボーゲル先生は勉強会の様子を全て録音し、バージニア州ラングレーにあるCIA本部に届けているはずです。CI

Aはその音声を分析し、学生たちがまとめるレポートを補完するほか、学生の『品定め』をして、将来栄達する官僚を選別しエージェントにリクルートしようとしているはずです。春名幹男氏が書いた『秘密のファイル——CIAの対日工作』（共同通信社）にも書いてあるじゃないですか。政治家や官僚について、CIAはファイルを作っている。勉強会に参加する官僚達のうち、ボーゲル先生が目を付けた連中については、CIAがファイルを作り始めることでしょうね。

日本の官僚の中には、中国やロシアのスパイ以上にアメリカCIAのエージェントがウヨウヨいるはずです。春名氏の本にもあるように、自民党政権中枢の政治家・高級官僚の中に必ずCIAのエージェントがいて、日本の政策はアメリカに筒抜けになっているといわれています。これらアメリカのエージェントについては公安警察も野放しの状態です。世界のインテリジェンスの常識から見れば、この勉強会に参加する日本のエリート官僚は相当に『馬鹿』としか言いようがない。おまけに、その席にサバティカル（休暇）でハーバードに来ている東大教授までいるとは！　彼は中国の専門家です。アメリカとボーゲル先生は彼を二重スパイとして使っているのではないでしょうか。天下の東大教授とその教え子の官僚達がCIAやボーゲル先生に手玉に取られる様を見ていると、日本の将来が思いやられる。福山将軍、そう思いませんか」

ミスターXは、暗澹《あんたん》たる表情で、戦後日本の官僚達の劣化ぶりを嘆いた。私が、これにどう応じたかは「秘密」にしておこう。諜報活動の極致というのは、相手が何の違和感・疑念も抱かない中でスパイ活動をすることである。ミスターXの指摘が正しいとすれば、「ハーバード松下村塾」と名付けた勉強会を利用し、「日本の将来政策」を入手する仕組みをかくも鮮やかに作り上げている凄腕は、実に「見事」と言う他ない。留学生達は、碩学《せきがく》の勉強会に参加できると浮かれているが、ミスターXが指摘したような可能性を完全に否定できるわけでもない。

ボーゲル教授が、CIAの幹部であったという経歴を考えれば、「対日諜報活動ではないか」というミスターXの疑念も理解できる。教授はきっと善意で日本の官僚留学生達に自宅を開放し、寿司、ピザ、ワインまでも振る舞って私塾を開いてくれていると信じたい。しかし、長年にわたり諜報に関わった「ミスターX」の立場から見れば、疑念は消えないのだろう。私は、我が家主でもあるボーゲル教授の弁護に努めたが、ミスターXは決して自説を譲らなかった。

読者の中には、同盟国のアメリカがなぜ日本をスパイするのかと疑問に思われる向きもおられることだろう。アメリカにとって「日本を自在に使嗾《しそう》・支配すること」は極めて重要な国益である。そのためには日本に関する情報を完全にアップデートしておかねばならない。

2019年に『CIAスパイ養成官――キヨ・ヤマダの対日工作』（山田敏弘　新潮社）が

出版された。世界最強の諜報機関ＣＩＡで工作員に日本語を教え、多くのスパイを祖国へ送り込んだインストラクターだったキヨの話だ。教え子たちは数々の対日工作に関わっただけではなく、キヨ自らも秘匿任務に従事していたという。この本を読めば、アメリカが対日諜報・工作を重視していることの一端が理解できよう。

ボーゲル教授は昔、「ジャパン・アズ・ナンバーワン」と日本を持ち上げたけれども、私が寄宿していた当時は「チャイナ・アズ・ナンバーワン」という中国礼賛のスタンスに変身しているように見えた。中国名を傅高義と名乗るほどの入れ込みようだった。教授は中国をアメリカの望むスタイルの民主主義国家に変えるための「尖兵」の役割を担っているのだと思った。

当時の、アメリカの対中国政策には大別すれば「ヘッジ政策」と「エンゲージメント政策」の2つがあった。「ヘッジ政策」とは、中国の台頭がアメリカの脅威になるのを予測して、これに対抗できるように準備することを重視した政策。「エンゲージメント政策」とは、分かりやすい喩《たと》えで言えば、「山犬や狼」のような凶暴な共産党独裁国家・中国を、おとなしい「飼い犬」に変えてアメリカと共存できるようにする政策である。教授は、「エンゲージメント政策」の「尖兵」の役割を果たしている——というのが私の推測であった。

中国サイドも教授の力量には注目していると見え、様々な中国人が教授宅に訪ねてきていた。教授は、日本の学者のように象牙の塔に閉じこもらず、米中の狭間で活動していた。当時、教授は鄧小平の伝記を執筆中だった。天安門事件でデモに参加した人民を虐殺した鄧小平の伝記を教授が執筆することにより、アメリカが中国に対して「免罪する」というメッセージを発する意義があるのだと、私なりに理解していた。なお、教授の著書『現代中国の父 鄧小平』（日本経済新聞出版）は2013年に出版された。

教授のような生き様こそが、アメリカの「学」の世界の特色であり、教授はアメリカ有数の力量ある学者の典型だと思う。教授は学者としてのみならず、アメリカCIAのインテリジェンス面における功績も、けだし超一流の評価を受けているに違いない。

我が国では、学者の知恵はないがしろにされ、活用されていない。一方学者の方も、日本学術会議の例のように日本共産党のコントロール下にある感があり、現実の政策などとはかけ離れた「曲学阿世」の存在に成り下がっているのではあるまいか。日本とは対照的に、アメリカでは、学者の力を大切に使い切っている。

日本学術会議問題を機に、政府は学者の活用に本格的に乗り出すべきだろう。「知の力」をないがしろにすることは、国家にとって大きな損失である。日本でも、国家行政面でもっともっと学者の活用を促進すべきだと思う。様々な分野の優秀な学者達の政策企画能力、インテリジェンス能力などが生かされれば、「官の力（キャリア官僚の能力）」との相乗効果を生み、日本の行政はもっともっとダイナミックな力を生み出すことだろう。日本の官僚制の悪弊――「官学の切り離し」――は、実にもったいないと思う。特にインテリジェンス分野においては、ボーゲル教授のような優れた学者を様々に活用することが不可欠だと思う。

ハーバード遊学を終えて帰国する際、校内のカフェテリアで教授からお昼をご馳走になった。教授が最も質素なサンドイッチを注文されたので、私もそれに倣った。教授は、食事の間ＣＩＡに関することとして次のような興味深い話をされた。

「福山さん、最近ＣＩＡはモルモン教徒をスパイ要員にリクルートしているのですよ。厳しい戒律を実践するモルモン教徒は人や組織を裏切らない。だから、企業の経理部門などお金に関する部署にも採用されるのですよ。また、モルモン教では、18歳から25歳の若い男女が約2年間ボランティア宣教師として、世界各地で布教活動をします。その間に外国語を覚え、その国の文化や歴史などについての理解が進むのです。ＣＩＡがリクルートする上では好都合ですね。日本では有名なケント・ギルバート君がモルモン教徒です」

教授ご自身もモルモン教の青年宣教師に似たような体験をされたそうだ。１９５８年に奨学生として日本へ留学、1年目は日本語を学び、2年目は千葉県市川市を拠点に日本の一般家庭に入り、そこから日本の社会構造や国民性を考察することになった。精神病患者のいる家庭に関する博士論文を書いた先生は、「米国とは異なる社会へ入って行って比較研究をするべきだ」という指導教員の助言を受け、それまで特に関心を持つことがなかった日本へ行くことを決めたという。

2年間の現地研修を経て、家庭という領域を超えて、より大きな視点から、日本社会を総合的に捉えることの面白さと重要性を身に染みて感じたという。1979年に出版してベストセラーとなった『ジャパン・アズ・ナンバーワン――アメリカへの教訓』はそんな経緯から生まれたものだ。ここで改めてボーゲル先生のご冥福を祈りたい。

アメリカの日本研究者(ジャパノロジスト)――アメリカのインテリジェンスの基盤・裾野の広がりの凄さ

前にも述べたが、アメリカは、完全に従属状態の日本でさえも、否、そんな日本だからこそ、その動向について油断なく徹底的に情報収集を継続している。ハーバードの講義でその一端を垣間見る機会があった。

アメリカのインテリジェンスの基盤・裾野の広がりの凄さの一端を紹介しよう。アメリカ人の日本研究者（ジャパノロジスト）について言えば、何と2000人以上もいると聞いた。半端ではない。日本語を完全にしゃべって、日本の文献のあらゆるものを日本語で読み、論文を量産している。そんな学者連中が2000人もいるというわけだ。

私はハーバード大学の日本文学の授業に出席して驚いたことがある。それは、カリフォルニア大学ロサンゼルス校から来た若い日本研究者（男性）・助教授（名前を失念したのでN助教授とする）による志賀直哉の文学についての講義だった。N助教授は『暗夜行路』の主人公、時任謙作の心理分析を説明した。

N助教授が実施した心理分析は、時任謙作が伯耆大山に上った時の場面だった。N助教授はまず謙作が大山に登るまでのあらすじ――「時任謙作は、母と祖父との不義の子であるという出生の秘密を知り、深い苦悩を味わう。結婚によって脱却の道を得たと思ったのもつかのま、自分の旅行中に、妻が従兄と不義を犯す。こうした抜き差しならない心情に耐え切れず、謙作は心境の安定を求める旅に出る」――を簡単に話した。

N助教授は、次に、謙作が夜明け前の暗闇の中、山頂を目指して1人歩く場面、続いて山頂で次第に明けていく下界の風景を眺める場面に話を進めた。暗い登山道を歩きながら憂鬱に沈んでいた謙作が、山頂に達し、次第に明けてゆく下界の風景を眺望して、自分が自然と1つになったような感じがして、自然の大きさと人間の小ささを感じるまでの一連の心の動きを克明に分析・描写して見せた。私は門外漢だが、日本人の学者にこんな細やかな分析をやっている人物がいるのだろうかと思うほどだった。

また、別の講義では、『古今和歌集』などの歌を一首選んでこれをあらゆる観点から研究して仕上げた論文を発表するというものだった。いずれの授業も、日本研究を志す修士・博士課程の学生をはじめ、多くのアメリカ人が聴講していた。

このような日本研究者の研究成果の積み重ねは、インテリジェンスの中ではデータバンクに相当するものである。質の良いインテリジェンスを生み出すためには、よく整理・分析された巨大なデータバンクが必要である。対日政策についての状況判断などには、日本のあらゆる分野に関する膨大なデータバンクの蓄積が重要である。そのデータバンクの情報を基礎として、その中から必要なインテリジェンスを抽出し、それを分析し、組み合わせてニーズに合った質の良いインテリジェンスに加工して、それを様々な問題解決に役立てるというわけだ。日本研究者が営々として生み出す成果は、こうしてデータバンクに蓄積され、活用されているのだろう。

大学教授による日本研究が日米戦争（大東亜戦争）に活用された例を紹介しよう。それは、コロンビア大学のルース・ベネディクト助教授の研究レポートの「Japanese Behavior Patterns（『日本人の行動パターン』）」である。

ちなみに、このレポートが誕生した経緯はこうだ。ベネディクトは１９３６年、コロンビア大学の助教授に昇任すると、アメリカの第２次世界大戦参戦を前に、アメリカ軍の戦争情報局（ＯＷＩ）に招集された。そして、１９４２年から、「対日戦争及び占領政策」に関する意思決定を担当する日本班のチーフとなった。ベネディクトが中心となり、日本人について研究し、それをまとめたのがこの研究レポートである。ベネディクトは、日本を訪れたことはなかったが、日本に関する多くの文献を熟読し日系移民との交流を通じて、日本文化の解明を試みたという。「日本人の行動パターン」についての研究レポートの骨子は、①階層的な上下関係に対する信仰、②「恩」という思想、③「義理」という務め、④「恥」という文化——に要約された。

ベネディクトの研究レポート（インテリジェンス）はアメリカの「対日戦争及び占領政策」にどのように生かされたのであろうか。米軍が理解に苦しむ日本軍・民が玉砕や特攻——天皇と国家に対する一種の殉教——は、ベネディクトの研究レポートによって十分に理解できたのではなかろうか。

米軍は「日本本土上陸作戦」として、「ダウンフォール作戦」を準備した。ダウンフォールとは「破滅、滅亡」を意味し、枢軸国で唯一降伏しない日本に対してＢ29戦略爆撃機による無差別爆撃はもとより、開発したばかりの原子爆弾を投下することをも厭《いと》わず、文字通り日本国そのものを滅亡させるのが目的だった。「ダウンフォール作戦」は、１９４５年11月実施を前提に計画された「オリンピック作戦（九州を占領）」と、１９４６年春に実施を前提に計画された「コロネット作戦（関東平野の占領）」により構成されていた。

タラワ、硫黄島および沖縄などにおける日本軍・民の徹底抗戦を見て、アメリカ軍は「ダウンフォール作戦」における自軍の死傷者数を50万人と推定した。アメリカは、「ダウンフォール作戦」における死傷者の発生を回避するために、広島と長崎への原爆投下を決断したのではないか。けだし、その決断（状況判断）の基にはベネディクトの研究レポートがあったのは間違いないであろう。

ベネディクトの研究レポートは、日本占領政策にも生かされた。日本人の、天皇を頂点とする「階層的な上下関係に対する信仰」に目を付け、マッカーサーは天皇を事実上の人質にし、日本を統治することを決断したのだろう。このように、ベネディクトの研究が、アメリカ軍の当初の狙い通り、「対日戦争及び占領政策」に大いに役立ったのは言うまでもない。

ベネディクトが日本研究で見いだした「日本人の行動パターン」も立派な情報であり、戦争や占領政策に役に立つのだ。

ベネディクトは、この研究レポートを基に、終戦の翌年、代表作『菊と刀』（原題：The Chrysanthemum and the Sword: Patterns of Japanese Culture）を出版する。『菊と刀』はアメリカ文化人類学史上最初の日本文化論である。

余談になるが、『菊と刀』というタイトルが誕生した経緯はこうだ。ベネディクトが最初に考えていたタイトルは〝We ard the Japanese〟だったが、執筆中に〝Japanese Character〟に変更した。ところが、出版社は、第1章を読んだ段階で〝Assignment : Japan〟が良いとした。ベネディクトは同意したものの、初期の自身の代表作である〝Patterns of Culture〟を使った〝Patterns of Culture: Japan〟への変更を希望、容れられない場合は、日本に行ったことがないので〝Assignment: Japan〟ではなく〝Assignment: The Japanese〟にしてほしいと要望した。その後出版社は〝Patterns of Japanese Culture〟を提案した。しかし、出版社側は、編集会議で〝The Curving Blade〟、〝The Porcelain Rod〟、〝The Lotus and the Sword〟の3案が浮上したことを告げ、特に〝The Lotus and the Sword〟を推してきたため、ベネディクトはLotus（蓮）を菊（Chrysanthemum）に替えることを希望し最終決定したといわれる。

このように、アメリカの日本に関する調査・研究のレベルは、「『顕微鏡』や『内視鏡』で日本を観察している」という比喩が適切ではないだろうか。一方、日本の方は、極論すれば「アメリカを『望遠鏡』で見ている」状態だ。これでは、勝負にならない。日米の相手を知る研究・努力は今も大東亜戦争以前も変わらないようだ。我々日本人は、アメリカのことを十分に知らずして、日米同盟の名の下に、自らの運命をアメリカに委ねている——と言っても過言ではないと思う。

第2章

スパイとは

「スパイとは」というテーマで稿を起こせば、優に1冊の本になる。それゆえ、紙幅の関係で、本稿ではごく簡単に触れることにする。

スパイの歴史

畠山清行氏は、スパイの歴史について、その著『秘録　陸軍中野学校』（新潮文庫）の中で、「スパイの発生は、地上に人間が生まれ出たそもそもからと見るのが正しいのではあるまいか」と述べている。通説では、人間最古の職業が娼婦で2番目に古いのが傭兵とスパイだといわれている。スパイ行為は、恐らく好奇心に基づく人間の本性なのではなかろうか。

私は、スパイの起源説を「旧約聖書『創世記』」だと考えている。『創世記』によれば、神はアダムを創造しエデンの園に置かれた。神はアダムに対して「善悪の知識の実だけは食べてはならない」と命令された。その後、女（エバ）が創造される。蛇が女に近付き、善悪の知識の木の実を食べるよう唆《そそのか》す。女はその実を食べたあと、アダムにもそれを勧めた。このことが、人間が神の命令を破った「原罪」に当たるといわれる。「原罪」の起因となった「蛇による女への『唆し』と女がアダムに実を食べるよう勧めた一連の出来事」には「スパイ行為」に相通ずるものがあるような気がする。『創世記』に登場する蛇のイメージこそがスパイの起源なのかもしれない。この場合、蛇が諜報機関のスパイ（インテリジェンスオフィサー）であり、女（エバ）がその協力者（エージェント）に相当し、アダムはスパイにカモにされる側になる。そう考えれば、私達全人類は「スパイの末裔」ということになる。

スパイについて歴史的に遡《さかのぼ》れば、ポルトガル王ジョアン３世の依頼でインドのゴアに派遣され、その後１５４９年（天文18年）に日本に初めてキリスト教を伝えたフランシスコ・ザビエルのような宣教師や、７～９世紀に朝廷が唐に派遣した遣唐使などもスパイと言えよう。ある目的・企図に基づいて、危険を冒して異国や他の組織に潜入して、文物（学問、芸術、宗教、法律、制度などの文化や貴重な物品）を入手する行為は広い意味でスパイと言えるだろう。

スパイと外交・軍事はセットである

『孫子』の訓《おし》えとして「彼を知り己を知れば百戦殆《あや》うからず」がある。「彼を知る」ための重要な手段がスパイである。『孫子』は紀元前５００年ごろの中国春秋時代の軍事思想家孫武の作とされる兵法書であるが、この頃から既にスパイが広く活用されていたことが窺われる。

『孫子』では第13「用間篇」で、以下の5種類のスパイについて説明している。

・郷間――敵国の村里にいる土着の民間人を使ったスパイ。

・内間――敵国・軍の内通者。敵国・軍を内通者として取り込むのが難題。ゾルゲが利用した尾崎秀実がその例。

・反間――敵のスパイでありながらこちらのためにも動いてくれる、言うなれば二重スパイ。あとで述べるが、戦前に特高警察と共産党の二重スパイだった飯塚盈延《みつのぶ》がその例。

・死間――死ぬこと前提で、命懸けの工作を行うスパイ。敵に嘘の情報を流し、どう反応・対応するかをフォローするスパイ。

・生間――敵国に潜入しスパイ活動を行った後、無事に生還して、敵情を報告するスパイ。現代のように通信・暗号手段が進歩した時代には無用のスパイ。

スパイとは情報を探る人であり、間諜、間者、密偵などと訳される。海野弘氏がその著書『スパイの世界史』（文春文庫）で「近代的な意味でのスパイは外交とともに始まるのだ。スパイと外交はセットなのである」と述べている。私は海野氏の説――「スパイと外交はセットである」――に加え、「スパイと外交・軍事はセットである」としたい。私の説に従えば、極論すると、戦後アメリカに従属し憲法9条を護持する日本には、命懸けのスパイ活動を展開して、自らの外交・戦略方針を選択するために不可欠な情報を入手する必要性は乏しいのである。それゆえ、外交官は「プロトコル（外交儀礼）」だけ、自衛隊は「戦争ごっこ」だけで済むというわけだ。これこそが戦後レジームである。

畠山氏はまた、「スパイ行為と謀略・戦争の関係」について、「スパイ行為と謀略の区別はちょっとつけにくい。不離不即の関係にあるもので、謀略もスパイ行為の一種と考えていいだろうが、戦争にスパイがつきものになったのも、おそらく人間同士が争いを始めたそもそもからではないかと思える」と述べている。私も畠山氏の考えに同意する。

畠山氏によれば、日本でスパイが「卑怯な行為」と見られるようになったのは、徳川幕府の政策によるものだという。徳川幕府は、自らの弱点や痛いところを探られないために、御用学者に命じて「武士道」を称揚し「内緒で人の欠点や弱点を探ることは、武士にあるまじき卑怯な行為である」というパラダイムを広めたというのだ。

スパイ活動、その人選から末路まで

次に、スパイ活動の一般手順について、簡単に説明したい。スパイは「公然」の駐在武官であれ、「非公然」のスパイであれ、まずは資質のある適任者をリクルートすることから始まる。CIAの主任法律顧問のジェフリー・スミスは、「CIAの管理職は、人を欺き、ごまかすことの世界で働く才能があって、しかも自分自身の道徳的な安定性を保持できるような途方もない人間を見いだすことに、いつも気を配っていなければならない」と述べている（『CIA秘録㊤㊦』ティム・ワイナー著　文春文庫）。換言すれば「嘘偽りを平気でやれる人間」がスパイの適任者というわけだ。

畠山氏の『秘録　陸軍中野学校』には、スパイ要員の人選について「陸軍士官学校出身ではなく、思い切って社会常識豊かな〝半地方人〟の、予備士官学校で教育した（一般大学出身の）幹部候補生の中から有能な人材を選ぶ」ことになったと書いている。士官学校で純粋・偏狭に育てられた堅物の将校では、スパイは務まらないというのだ。敵国に潜入し、市民になりすまし、習俗に違和感を抱かれず、その国の言語を話して敵の防諜組織やスパイ行為を働きかける相手を欺かねばならない。そのためにはジキルとハイドを同時に演じ、繊細かつ粗野で心理的な重圧に耐え得るタフネスさを持ち、しかも冷酷な性格も時には必要になる。

次はスパイ教育である。スパイは軍事的教育を受け、武器・兵器・通信機・暗号などの使用法、護身術、その他自分が捕らえられた時の尋問耐久訓練も受けなければならない。また、監視・尾行術も学ぶが、最も困難な仕事は工作担当者（ケースオフィサー）である。工作担当者はいわば〝鵜匠〟に当たり、情報を集めてくるエージェント（協力者＝鵜）をリクルートしこれを上手に使いこなし、敵を欺きつつ必要な情報を収集する。エージェントには、「情報収集に直接携わる役」と「仲介役」がある。スパイのノウハウは、その国のスパイ活動の歴史・風土を基盤に蓄積され、様々な工夫が加えられ、年年歳歳発展すべきものである。敗戦で情報機関・要員を根こそぎ失った日本にはそれが乏しい。私はもとより、幾多の防衛駐在官が3年間にわたり自ら工夫して得たノウハウは何の蓄積・継承発展もなく、忘却される。まるで、作っては壊す「賽《さい》の河原の石積み」のようなものだ。スパイが秘密を墓場まで持って行くことを美徳のように言うが、それでは情報機関にとっても国民にとってもインテリジェンスについての理解・工夫が進歩しない。回想録を書くと「自己顕示では？」と見られがちだが、諸外国は違う。スパイや駐在武官の経験と反省の記録こそが、新たなスパイのノウハウを開発・工夫する資料となり、国民のインテリジェンスに対する理解を深めるツールになるのだ。その証拠に、日露戦争で活躍をした明石元二郎の遺稿である『落花流水』は我が国のスパイ史などを理解する上で貴重な資料ではないか。

一定の教育を受けたスパイの卵を敵国に潜入させるためには入念な準備をせねばならない。潜入するためには、完全な身分の偽装が必要だ。これを警察用語で「背乗り《はいのり》」という。「背乗り」とは、スパイや工作員などが正体を隠すために、実在する赤の他人の身分・戸籍を乗っ取って、その人物に成りすます行為を指す。背乗りするためには完璧な履歴の偽造と専門能力の習得が必要だ。スパイは、国境を越えた「背乗り」が必要なのだ。

ゾルゲの場合はドイツ新聞社の「フランクフルター・ツァイトゥング」紙の日本特派員に、また、1982年に米下院情報特別委員会の秘密聴聞会で対日工作活動を暴露したソ連・KGBスパイのレフチェンコは国際問題週刊誌「ノーボエ・ブレーミャ」の東京特派員に偽装・潜入した。

同様に、イスラエルの諜報機関モサドのスパイであったウォルフガング・ロッツは乗馬コーチとしてエジプトに、エリ・コーエンは輸出入業者としてシリアに潜入した。ロッツもコーエンも完璧な偽装のおかげで、あっという間にそれぞれの社会に溶け込み、軍事情報にアクセス可能な友人の輪を広げた。

次は、いよいよスパイの能力を試される情報の収集獲得の段階に進む。前述のコーエンの場合はこうだ。昵懇《じっこん》になったシリア大統領の甥のザレーディンは自慢好きの男で、シリアの無敵ぶりを公言して憚らなかった。コーエンは、ザレーディンの計らいでゴラン高原のシリア軍要塞をガイド付きで見せてもらい、写真撮影まで許された。コーエンはゴラン高原の視察から数時間のうちにテルアビブに写真付きの情報やシリア軍の対イスラエル戦略までも送信した。コーエンは、3代目のモサド長官メイアー・アミットの言葉――「1人のスパイ・工作員は1個師団分の兵士に値する」――通りの活躍をした。

スパイが集めた情報（文書や写真など）をいかに秘密裏に本国に送るかということも、重要な課題である。ゾルゲの場合は、ドイツ人無線技士のマックス・クラウゼンが暗号通信を担当した。クラウゼンは1936年から5年間で805通をロシア連邦軍参謀本部情報総局（GRU）に送った。日本軍のヤマ機関（極秘の防諜機関）の移動監視隊などによる電波監視下での暗号送信作業や偽装工作は心身に重圧を与えるものであり、クラウゼンは心労の余り心臓発作で倒れ（1940年）、ドイツ人医師の治療を受けて箱根で静養している。

コーエンの逮捕も通信が原因だった。シリアの防諜機関はロシアが開発した世界最先端の機動探知装置で不審電波の発信元を突き止め、コーエンが送信機をオンにしたその瞬間にシリア官憲に急襲・逮捕された。スパイにとって通信は鬼門なのである。

スパイ活動には金がかかる。その金を秘密裏に入手・処理し、重要情報入手のために〝生きた金〟として上手に運用することも重要な課題である。迂闊《うかつ》な使い方をすれば自らの正体を暴露する危険性がある。

スパイは、スパイを運用・管理する本国の情報機関の意向や自らに対する評価が気になるものだ。海外に出されると「糸の切れた凧」状態になり、不安に襲われる。私自身、韓国における防衛駐在官時代、自分の情報活動の成果（公電で報告）が防衛庁・陸上幕僚監部や外務省でどのように評価されているのか気掛かりだった。私の「親元」に当たる陸上幕僚監部調査部長の濱将補（仮名）が韓国に来訪した際、「君はあまり頑張らなくてもいいよ」と、予期もしない冷ややかな言葉をかけられ失望した思い出がある。「激務の中、本当によくやってくれてありがとう」という「一言」が欲しかった。独裁者スターリンがスパイを信用せず、国内に呼び寄せて、粛清・投獄したことを思えば、「〝濱の冷たい言葉〟もありなのか」、と諦めざるを得なかった。

スパイの末路が報われることは少なく、悲しくも哀れな定めである場合が多い。刑場に露と消えたスパイも枚挙に暇ない。それでも国家はスパイを養成し、過酷な任務を与え、その遂行を督促する。スパイを出す側は気楽なものだが、出されて相手国の防諜組織の追尾を躱《かわ》しながら現場で苦労するスパイは哀れだ。

正体が暴かれて逮捕される場合もある。その場合、死刑を含む極刑、強制的に転向させられて二重スパイになる場合、スパイ同士の交換や政治・外交案件の取引カードに利用される場合など、その運命は哀れと言うほかない。割に合わない仕事なのである。

第3章

アメリカ国籍に転じ、祖国をスパイした日本人

前述のように、ハーバード大学アジアセンター上級客員研究員時代、私は、アメリカが異常なほどに活発な対日スパイ活動をしている一端を垣間見た。次に、その話の延長として、アメリカ国籍に転じて祖国をスパイした日本人について紹介する。

米国CIAの対日スパイ養成官キヨ・ヤマダ

第1章で触れたが、『CIAスパイ養成官』という山田敏弘氏の著作がある。山田氏はキヨの功績について「キヨは世界を大きく変えるような目に見える変革や発明をもたらしたわけではない。前人未到の領域に到達し、派手な歴史を塗り替えた偉人でもない。しかし、30年以上もの間、日本の歴史の舞台裏で暗躍してきたスパイを養成し、引退時にはCIAから栄誉あるメダルを授与され、表彰を受けるほどの評価と実績を残していた」と書いている。

キヨがそれほどの評価を受けたのは、キヨが養成したCIAのスパイ達が、対日工作においてアメリカの国益（日本にとっては不利益・損失）となる様々な成果を上げたということだろう。いずれにせよ、冷戦時代、CIAは、ソ連に対するスパイ活動と同じように同盟国の日本にもスパイを送り込み、活発に工作を行っていたということだ。

私は、キヨが祖国日本を捨ててアメリカ国籍を取り、ＣＩＡ職員になった動機について関心を持った。キヨの「心の形成」に大きく作用したのは「生い立ちへのコンプレックス」だったようだ。キヨの家は12代続く肥料問屋で裕福だったという。肥料問屋と言えば聞こえは良いが、実は便所の汲み取りを職業としていたのである。人糞尿は、日本では昔から下肥に使えるとして高値で取引されてきた。キヨは、そのことを恥ずかしく思っていたという。そのことが原因なのか、キヨは潔癖症なところがあり、学校では決して便所には行かなかったという。後年、キヨ自身が「便所に行かなくても済むように、極力お茶や水を飲まなかった」と述懐している。便所に対する一種の恐怖症は大人になっても続いていたようで、アメリカ軍人と結婚後も自宅には夫には使わせない自分専用の便所があったという。

私は、キヨの心理は島崎藤村が書いた小説『破戒』の主人公、瀬川丑松にも似ているような気がする。明治後期、信州小諸城下の被差別部落に生まれた瀬川丑松は、父から「お前は、自分の生い立ちと身分を隠して生きよ」と戒めを受けて育った。その戒めを頑なに守り成人し、小学校教員となった丑松であったが、同じく被差別部落に生まれた解放運動家の猪子蓮太郎を敬慕するようになる。丑松は、猪子にならば自らの出生を打ち明けたいと思い、口まで出かかることもあるが、その思いは揺れ、日々は過ぎる。やがて学校で丑松が被差別部落出身であるとのうわさが流れ、さらに猪子が壮絶な死を遂げる。その衝撃の激しさや同僚などからの猜疑《さいぎ》によって丑松は追い詰められ、遂に父の戒めを破りその素性を打ち明けてしまう。そして丑松はアメリカのテキサスへと旅立ってゆく。

キヨが海外留学を目指したのは丑松と同様に、その生い立ちに起因するトラウマに根差す深層心理が働いたのではないだろうか。

さらに、キヨの渡米理由はこうも考えられる。当時（特に戦前）の日本社会に対する違和感、もっと言えば嫌悪感（＝母国だからといって無条件で一途には愛慕できない）があった可能性がある。キヨは、「このような因習に縛られた『情けない祖国』を、アメリカのような『素晴らしい国』に改めねばならない」という彼女なりの使命感を心の端に持っていたのかもしれない。

キヨは戦時下で東京女子大学と東京文理科大学（今日の筑波大学）で学んだあと、英語教師となった。そして努力の甲斐あって念願のフルブライト奨学生に合格して「日本脱出」を果たし、ミシガン大学大学院に進んだ。日本で知り合ったアメリカ軍人のスティーブ中佐と再会し、大学院卒業後結婚した。人種差別主義者のスティーブは、キヨとの間に〝混血児〟をつくろうとはしなかった。

キヨは、子育てに情熱を傾ける代わりに、「自分の実在価値」を証明する仕事が欲しかった。

そして、新聞に出ていた募集広告を見て応募した政府機関がなんとCIAだったのだ。当時、CIAのスパイや職員に合格することは至難の業であったことだろう。CIA合格はキヨの努力の賜物であろうが、いずれにせよ、彼女は当時の日本で最高の教育を受けた才女であることは間違いないだろう。敗戦国の日本の女性で、世界の覇権国家であるアメリカの情報機関CIAに職を得て、平時から世界覇権に関わる国家の事業に携わることができたのは、稀有なことだったと思う。

子宝に恵まれなかったキヨにとっての「子育て」は、皮肉にも祖国日本をスパイする「CIAの卵」たちに日本語を教えることだった。キヨは生前「CIAの凄腕スパイでも、私にとっては『教え子』であり、『子供』のようなものよ」と語っていたという。キヨの日本語インストラクターとしての熱心な仕事ぶりは、複数の教え子（スパイ）の証言として山田氏が著書の中で余すところなく描いている。

キヨは日本語インストラクターという仕事だけにとどまらず、沖縄返還問題の裏工作などにも関与したといわれる。これについて山田氏は熱心に取材されたようだが収穫はほとんどなかった。元CIAスパイのピート氏（仮名）は、山田氏に対して「真実が出てくることはない」と断言している。CIAの「守秘」の壁は厚く、職員はその仕事の内容については、「墓場に持って行く」というのが鉄則のようだ。

二つの祖国

『二つの祖国』（新潮文庫）は、真珠湾攻撃から東京裁判まで日米間の戦争に翻弄された日系アメリカ人2世の姿を描いた山崎豊子の小説である。日系2世でロサンゼルスの日本語新聞社の記者・天羽賢治を主人公に、太平洋戦争によって日米2つの祖国の間で身を引き裂かれながらも、アイデンティティーを探し求めた日系アメリカ人たちの悲劇を描いた作品である。この小説を書くために、山崎は300人の実在の人物への面接をしたほか膨大な資料調査を行って、5年をかけて執筆したという。『二つの祖国』は、作中に登場する主人公や家族・友人などは架空であるが、日系人の強制収容、アメリカへの忠誠テスト、血の証し（アメリカのために戦場で血を流す覚悟を求められること）、戦中・戦後における日系語学兵の活躍など、それまで日本ではあまり知られていなかった史実が盛り込まれた歴史小説として話題になった。

この小説は、実在の人物である伊丹明（デイヴィッド・アキラ・イタミ）とハリー・K・フクハラ（福原克治）をモデルにしている。モデルの1人であるフクハラ氏（1920～201

5年）は、元アメリカ陸軍情報部所属の軍人で最終階級は大佐である。

　フクハラ氏はシアトルで、広島県出身の父・克二と母・きぬの間に4男1女の次男として生まれた。1933年に父が急逝したことから、両親の故郷である広島に帰った。しかし、日本での生活には馴染めず、1938年の中学校卒業と同時に単身帰米した。ロサンゼルスでレストランの皿洗いや白人家庭のハウスボーイをしながら、大学へ通っていたが、1941年の太平洋戦争勃発に伴い、アリゾナ州の強制収容所に収監された。

　収監から3カ月たった1942年初夏に、陸軍の語学兵募集に応募し、陸軍情報部日本語学校に入学した。基礎訓練修了後の1943年夏には、第33歩兵師団附の語学兵として、ニューギニア戦線やフィリピン戦線に赴いた。戦況が進むにつれ、日本軍から奪取した機密書類の翻訳や日本人捕虜の尋問の成功によりアメリカ軍の勝利が導かれたことなどの功績で、次第に同僚達からも受け入れられるようになったという。

　終戦後の9月に少尉に昇進してからは、神戸で師団長の通訳を務めていたが、その間家族の安否を確認すべく、10月初旬に広島を訪ねた。家族が住んでいた家は、爆心地から4㎞ほど離れていたため、倒壊を免れたものの母と長兄は被爆し、長兄は放射線障害により寝たきりの状態だった。フクハラ氏は兄に神戸の病院で治療を受けさせたが、治療の甲斐もなく半年後に死亡した。戦後、フクハラ氏はアメリカ陸軍情報部所属で対日情報工作任務に就いていたものと思われる。1971年に八重山諸島軍政長官を最後に、軍を除隊したことにはなっているが、その後も陰に日向にアメリカ陸軍情報部との関わりは続いていたはずだ。

私が知り合いの蕃西氏（仮名）からフクハラ氏を紹介されたのは、韓国の防衛駐在官に赴任する直前（1989年）のことだった。フクハラ氏は日本人離れした長身・痩軀《そうく》で、穏やかな人柄だった。赴任するまでに数回会ったが、その話から日本の政財官界に広い人脈を持っていることが窺えた。情報（ヒューミント）は、人脈が命なのである。人脈の広さ・深さについては、フクハラ氏からこんな話を聞いた。

「女優の京マチ子さんとは、よくハーディー・バラックス（防衛庁近くにある都内唯一の米軍基地）でマージャンをやりましたよ。後藤田正晴さんなど、警察の幹部ともよくやりました。福山さんとも今度マージャンをやりましょう」

畠山清行氏の『秘録　陸軍中野学校』によれば、京マチ子はキャノン機関（マッカーサー・GHQ占領下の日本にあった参謀第2部〔G2〕直轄の秘密諜報機関でキャノン中佐が指揮した）のホステス役も務めていたという。同書は次のように書いている（661ページ）。

「旧岩崎邸の本郷ハウスの中にホームバーを作って度々宴会を開き、女優の京マチ子をホステス役に、安井東京都知事、村井順内閣調査室長、元情報局総裁の伊藤述史、斎藤昇国警長官などを招いて、当時日本人の手に入らなかった飛び切り上等の洋酒を振舞ったりして戦犯情報を集める一方、復員軍人名簿の中から旧日本軍の特務機関関係者（筆者注：陸軍中野学校卒業生が主体）をあさってはキャノン機関員に引き入れた」

フクハラ氏が京マチ子とマージャンをする間柄であったことから、フクハラ氏もキャノン機関に関わった可能性もある。いずれにせよ、フクハラ氏は戦後長きにわたり日本国内の政権中枢の要人の動向をモニターする役割を担っていたのではないか。

私をフクハラ氏に紹介してくれた蕃西氏は、長きにわたり歴代陸上幕僚長以下の陸自主要幹部と深いつながりを構築・維持しており、フクハラ氏は蕃西氏を介して陸自の主流人脈を完璧に掌握していたのは間違いない。米軍は海自と空自でも似たような人脈づくりを行っているものと思われる。

フクハラ氏が陸上自衛隊の主要人脈に通じていることの重大性を理解するには、こう考えてみればいいだろう。フクハラ氏が果たしていた任務は、例えて言えば、「日本の情報機関のアメリカ担当官の一人（フクハラ氏に相当）がアメリカで、蕃西氏のようなアメリカ人エージェントを通じて、統合参謀本部議長、アメリカ軍司令官、中央軍司令官、欧州軍司令官、太平洋軍司令官、南方軍司令官などの米陸軍大将をはじめ中将・少将・准将・大佐以下の主要人脈と親しい関係を長年にわたって維持できている（掌握している）こと」に相当する途轍《とてつ》もない偉業なのだ。

フクハラ氏は、私が韓国に赴任する際には、「福山さん、韓国で困ったことがあれば相談しなさい」と、在韓米軍の情報部門のトルフ氏（仮名）を紹介してくれた。トルフ氏は文官で夫人が日本人だった。トルフ氏は、ソウル市内の龍山にある米軍基地の目立たない建物の中にオフィスを構えていた。建物に入ると、薄暗い廊下はひっそりとしていて、部屋には識別する番号などはなく、情報機関特有の雰囲気が伝わってきた。トルフ氏は、様々な朝鮮半島情勢を話してくれた。今も覚えている話はこうだ。

「福山さん、私は今、北朝鮮の麻薬の動きをモニターしています。麻薬が北朝鮮の資金源だからです。金正日は軍事物資生産工場がある立ち入り制限区域と政治犯収容所・刑務所の作業用農場でケシを栽培するように指示しました。羅南《ラナム》にある製薬工場でケシから採れるアヘン成分を元にヘロインを生産しています。ケシの栽培を『白桔梗栽培』と呼んでいます。今や麻薬が北朝鮮の政権維持の生命線なのです。私は情報収集のために東南アジアにも頻繁に出張しています」

フクハラ氏が私をトルフ氏に紹介してくれた理由は、親切心というよりも、私の韓国での情報活動を把握するためだったのではないかと臆測した次第。フクハラ氏とは私が韓国から帰国したあとも交流を続けた。私が第11師団（札幌）の副師団長の時は、蓄西氏と一緒に、わざわざ札幌まで訪ねてこられ旧交を温めた。私は、ヒューミントの極意は「心を込めて相手を大切に遇し、永続的な人間関係を維持すること」であると、フクハラ氏から無言のうちに教えていただいたのである。

親子2代にわたり米陸軍情報部隊に勤務した日系米国人

私は半世紀ほどの昔、２等陸尉の頃、ジョージア州にあるフォートベニング米陸軍歩兵学校に留学した（１９７４年11月〜75年5月）。それに引き続き、ケンタッキー州フォートキャンベル基地にある第１０１空挺師団（師団全体がヘリコプター機動により敵後方などを攻撃できる）で約１カ月余にわたる実務教育を受けた。同師団で、日系アメリカ人のディック・イノクチ少尉と出会った。彼はハワイ大学出身で、歩兵科の将校として同師団で勤務していた。

私は実務教育の一環として、同師団の「Air Assault School（ヘリボーン攻撃養成学校）」に１週間ほど入った。同校では10ｍほどの壁からロープで降りるリペリング降下訓練などヘリボーン攻撃に必要な基礎戦技教育を受けた。イノクチ少尉は勤務終了後に私の宿舎を訪ねてきて、戦技訓練のコツなどを教えてくれた。誰ひとり知り合いがいない中、私にとって、イノクチ少尉の存在は心強かった。

同師団での実務教育を終えた私は、次の実務教育を受けるため、ハワイ・オアフ島にある第25歩兵師団に向かうことになった。私はハワイへの途上、イノクチ少尉の勧めで、彼のご両親の家を訪ねることにした。サンフランシスコ国際空港で降りたら、イノクチ少尉のご両親が迎えてくれた。

ご夫妻は、人間の優しさと善良さをこれ以上体現できないと思われるほどで、「福山中尉よくいらっしゃいました。息子のディックから中尉のことはよく伺っています。今から、自宅に帰ってきた心算《つもり》で、ゆっくり寛いで、楽しんでいってください」と歓迎してくれた。

車に乗り、『怒りの葡萄』で有名な作家スタインベックの故郷であるサリナスを通り、モントレー湾岸沿いに南下した。湾は波も穏やかで、水鳥や珍しいラッコの姿が見えた。長崎県の五島生まれの私にとっては何とも心地良い風景だった。

間もなく、イノクチ家に着いた。案内されたのは、なんとディックの部屋だった。シャワーを浴び食事をいただいた。ご飯、みそ汁、漬物のほかにホッケの干物や、生ウニ、アワビの刺し身など久しぶりの日本食がテーブルに並んだ。イノクチご夫妻の温かい心尽くしに感謝するばかりだった。食事の間、イノクチ少尉の父上から大東亜戦争時の日系アメリカ人のつらい経験談を聞いた。

「真珠湾攻撃当時、私は中学生、妻は小学生でした。日本の艦載機が大挙押し寄せてきて、港内の戦艦アリゾナやオクラホマを爆撃し、アリゾナとオクラホマは爆沈しました。ホノルルは日本の戦闘機の轟音と、アメリカ軍の高射砲音が轟き、黒煙に包まれ、〝常夏の楽園〟が〝阿《あ》鼻《び》叫喚《きょうかん》の巷〟に変わりました。

その直後から、アメリカ人の怒りや復讐の感情は隣人の日系アメリカ人に向けられたのです。アメリカ政府と軍首脳の中には、日本軍が太平洋を超えてアメリカ西海岸に上陸して来る恐れがあるという観測もあり、約12万人の日系人がカリフォルニア、アリゾナ、アイダホ、ワイオミング、コロラド、ユタ、アーカンソー州の僻地にある10カ所の収容所に収監されました。施設は、急ごしらえの粗末なバラック小屋で、機関銃で武装した兵士が24時間監視するという過酷で屈辱的なものでした。ハワイでは、全島の人口の3分の1を占める15万余の大部分の日系人は強制収容を免れました。

日系人の私達にとっては、いわば2つの祖国が戦争することになるわけですから、何とも表現できない複雑な思いでした。一方、アメリカ人は白人を中心に日本人に対する敵愾《てきがい》心と差別を募らせました。日系人の子供達は、真珠湾攻撃の日からしばらくの間は登校できませんでした。日本人に対して投げつけられる言葉は、『イエローモンキー、狂犬、野蛮人』などでした。これまで比較的仲良く付き合っていた、白人のクラスメートからこんな言葉を聞くと、何ともやりきれない思いがしました。

日系アメリカ人は、真珠湾攻撃を乗り越えて、アメリカ市民としての揺るぎない地位を取り戻すために多大な努力と、犠牲を払わなければなりませんでした。我々日系人は軍に入隊し、命を懸けた戦闘に参加しました。第2次世界大戦中、日系2世の約3万3000名がアメリカ軍に従軍しました。そのほとんどが第100歩兵大隊、第442連隊戦闘団それにアメリカ陸軍情報部の3部隊のいずれかに配属されました。

真珠湾攻撃から約半年後の1942年6月に、ハワイの日系2世の陸軍将兵約1400名により『ハワイ緊急大隊』が編制され、ウィスコンシン州に送られました。同地で再編され、第100歩兵大隊と命名されました。大隊長以下3名の幹部は白人でしたが、その他の士官と兵士は全員日系人でした。

第442連隊戦闘団の編制は第100歩兵大隊よりも遅く、1943年1月に編制されました。第442連隊戦闘団は、第442連隊（歩兵）を中核として砲兵大隊、工兵中隊を加えた独立戦闘可能な編制でした。同戦闘団にはハワイからは以前から大学勝利奉仕団に参加していた学生など2600人余とアメリカ本土の強制収容所からは800人余が入隊しました。

これら3500人の日系人は、開戦前からアメリカ軍で様々な任務に就いていましたが、真珠湾攻撃で忠誠心を疑われ除隊させられました。ハワイ大の学生を中心とした日系2世の若者たちはこれに憤慨し、ハワイ地方防衛軍総司令官エモンズ元帥に、『我々は、アメリカ合衆国だけにしか忠誠心を持たない。我々は可能ないかなる方法によってでも、忠実なアメリカ人として最善を尽くしたい』という趣旨の請願書を出したところ、それが認められ、１９４２年２月に日系人による準軍事組織である補助工兵部隊が編制されました。補助工兵部隊はアメリカ軍のために、施設建設、有刺鉄線構築、採石、献血などを行い、素晴らしい評価を得ました。彼らの働きぶりは、白人部隊からも次第に信頼を得るようになり、『どんな仕事でも喜んでやる』という評価と、一足先にアメリカ本土で訓練を受けていた第１００歩兵大隊が達成した訓練成績の優秀さがエモンズ元帥の耳に届き、日系人志願兵をアメリカ軍に入隊させるという動きが加速しました。

やがて、第１００歩兵大隊と第４４２連隊戦闘団はヨーロッパ戦線に投入されました。幸いにも敵は日本軍ではなく、ドイツ軍やイタリア軍でした。第１００歩兵大隊は第４４２連隊戦闘団に編入され、その後は一体となって激戦正面で活躍しました。

連隊戦闘団の戦績はフランスのアルザス地方の山岳地帯での戦闘と、テキサス大隊の救出作戦が有名です。１９４４年9月、連隊戦闘団はイタリアからフランスへ移動し、10月にはフランス東部アルザス地方のブリュイエール市を解放するため、周囲の高地に陣取るドイツ軍と激闘を演じました。一帯は、山岳・森林地帯であるため戦車が使えず、歩兵の戦力のみが頼りでした。10月20日には周辺高地と市街地の攻撃が成功し、ブリュイエールをナチの支配下から解放しました。

ブリュイエールの戦闘終了直後の10月24日、テキサス州兵により編制されたテキサス大隊がドイツ軍に包囲されるという事件が起こりました。彼らは救出困難とされ、〝Lost battalion（失われた大隊）〟と呼ばれ始めていました。これを心配したルーズベルト大統領は、これまでの戦績で『精強』の評価を勝ち得ていた第442連隊戦闘団に対し救出命令を出しました。ブリュイエールの戦闘後十分な休養もない戦闘団でしたが、部隊は直ちに出動しました。戦闘団は、ボージュの森で待ち受けていたドイツ軍と激しい戦闘を繰り広げましたが、激戦の末、テキサス大隊を救出することに成功しました。しかし、その犠牲は甚大で、テキサス大隊211人を救出するために、戦闘団の戦死はそれを上回る216人で、さらに600人以上が手足を失う等の重傷を負いました。

テキサス大隊救出作戦後、師団長が第442連隊戦闘団を閲兵した際、K中隊に18名、I中隊には8名しかいないのを見とがめ、『部隊全員を整列させろと言ったはずだ』と随行する連隊長代理のミラー中佐を叱責しました。本来両中隊には120名以上いるはずだったのです。

ミラー中佐はおもむろに『閣下の目の前に並んでいる兵が全員です。不在の兵は戦死したか入院中です』と答えたという逸話が残っています。事実、戦闘団では当初約2800名いた兵員が半分近い1400名ほどまでに減少していたのです。この戦闘は、後にアメリカ陸軍の10大戦闘に数えられるようになりました。

かく言う私も、戦後、ハワイ大学卒業後には米陸軍に入り、主として米陸軍情報部で過ごしました。情報については、退役後、仕事の内容について話せません。また、息子のディックも陸軍将校になりました。軍役こそが、国家に対する忠誠を示す最高の職業だと思います。こんな努力が、日系人がアメリカに根付いていく上で必要だったのです」

イノクチさんは、ここで話を区切り、ワイングラスを手にして「フクヤマさん、この話は、これくらいにしておきましょう。今夜は、家内の心尽くしのご馳走とお酒を存分に楽しんでください」と言われ、話を打ち切られた。戦後、日系人のイノクチ氏が米陸軍の情報部門で、対日情報に関与されたことは想像に難くない。

私がハーバード遊学を終えて帰国した2007年、息子のディック・イノクチ氏から手紙をいただいた。ディックとフォートキャンベル基地で別れてから30年以上もたっていた。手紙によれば、ご両親は健在で、ディックも父親と同じように米陸軍情報部隊に勤務し、最後はある情報旅団の大隊長でリタイアしたとのこと。彼の情報畑のキャリアについては一切分からないが、いずれにせよイノクチ家は親子2代にわたり米陸軍の情報部門に携わったことになる。

ディックが対日情報に関わったか否かは定かではない。ちなみに、日本の座間には、米陸軍の第500軍事情報旅団の司令部があったが、2004年にハワイに移駐し、それに代わって第500軍事情報群の日本軍事情報大隊が駐屯する。日本軍事情報大隊は、第441軍事情報大隊と仮称されていたが、2007年に前方収集大隊と改称された。

座間には、第500軍事情報群の隷下にあるアジア研究分遣隊も配備されている。この分遣隊の任務は、日本の公開情報（オシント）の収集・分析とレポートの作成である。400以上の定期刊行物とインターネットに掲載されている情報を収集しているといわれ、米陸軍の文官12人の他に、日本人75人が勤務しているといわれる。日本人の中には、元自衛官も多いと聞いたことがある。この本も彼らの手で翻訳されるのかもしれない。

第4章

スパイと女性

ゾルゲを支えた日本人妻・石井花子

畠山清行氏はその著『秘録　陸軍中野学校』で、日本に潜入した外国人スパイと女性の関係について、次のように書いている。

「日本人は昔から、欧米人に弱いムードがある。ことに地方などでは欧米人を、智識も才能も、自分達より数段優れた人間のように見る傾向があって、欧米人なら大抵のわがままも通すし、日本人ならどうかと思える行為でも、相手が外人になると、見てみないふりをする。わけても女連れの外人に弱いので、『女連れで旅行すれば、日本国内どこにも秘密はない』というのが、戦前からの外国人スパイの日本観であったのだ。最近私は、例のゾルゲが、八王子周辺をしきりに動き回っていたという話を、八王子出身の人びとからたびたび聞かされるので、現地に行って調べてみると、彼も必ず女を連れて行動していたことが分かったのである」

畠山氏が聞いた「ゾルゲも女を連れていた」という八王子の人々の証言に出てくる「女」とは、ゾルゲの愛人（日本人妻）であった石井花子のことであろう。実はゾルゲは、ソ連にカーチャという名の妻がいた。カーチャへの慕情は募るものの、ゾルゲはモスクワの許可なしに帰国することは許されなかった。仮に許されて帰国が実現したとしても、スパイを信用しないスターリンから粛清されていた可能性がある。

申すまでもないが、ゾルゲは、ソ連軍の情報機関GRUから派遣されたスパイで、1933年から1941年にかけてゾルゲ諜報団を組織して日本でスパイ活動を行い、近衛文麿首相のブレーンで満鉄嘱託だった尾崎秀実らの協力を得て、独ソ戦（バルバロッサ作戦）の開始や同時期に決まった日本軍の南進政策などの機密情報をソ連へ送った。ゾルゲと尾崎を含むスパイ団約30名は、大東亜戦争開戦直前の1941年10月に治安維持法や軍機保護法などの違反容疑で逮捕された。それから約3年後の1944年11月7日のロシア革命記念日に、ゾルゲと尾崎の死刑が執行された。

ゾルゲの日本におけるスパイ活動は、文字通り命懸けだった。極度の恐怖・不安・緊張と激務の連続で、身も心も擦り減らす毎日で、精神的に押し潰されそうになる苦しみを味わっていたことだろう。

そんなゾルゲが石井花子と出会ったのは、来日2年目の1935年10月のことだった。当時、花子はラインゴールドという酒場でホステスとして働いていた。花子は『人間ゾルゲ』（角川文庫）という回想録でゾルゲとの馴れ初めについてこう書いている。

「西銀座五丁目、酒場・ラインゴールドに私はホステスとして働いていた。ここの主人はケテルといってドイツ人であった。店は午前十時から開店され、直輸入のドイツビールとドイツ料理を出す、レストラン兼用の酒場だった。客は日本人、外人半々で、各国大公使館員、商人、旅行者、日本の知識人、芸術家、軍人などいろいろだった。……十月になった。ある晩！　それは確か十月四日の晩であった。その夜こそわたしの生涯を決定する序幕となったのであるが……。『この人ね、きょう四十年に成りました。誕生日です』と言った。客はうなずきながら、『そうです、そうです』とやっと日本語で言った。シャンパンを抜いて、おめでとうを言いながら三人で飲んだ。客は首をかしげて私をじっと見て、『あなた、アグネスですか？』『ハイ、そうです』『私、ゾルゲです』彼は手を差しのべた。私は彼の大きな手を握りながら、強い顔に似あわぬやさしい温かい彼の音声にちょっとおどろいた。」

その後、花子はゾルゲと同棲するようになり、彼が逮捕されるまでの6年間生活を共にした。ゾルゲにとって、花子という女性の存在がいかなるものであったのかを窺い知るエピソードがある。1991年、花子はNHK取材班に対しこう語ったという。

「その頃（独ソ戦勃発当時）だったのよ、ゾルゲが初めて泣くところを見たのは。私はゾルゲを膝に抱いて、背中をさすってあげたりいろいろしたんだけど、あの時、覗いてみたら涙出しているんじゃない。ゾルゲが泣くなんてね、とても想像できない」

畠山清行氏はゾルゲの女連れの理由をスパイのカモフラージュだと言うが、本当のところは「重圧に苦しむ心の癒やし」ではなかったのだろうか。花子は、ゾルゲのスパイ活動に直接加担したわけではなく、それゆえ特高警察から逮捕されることもなかった。しかし、ゾルゲの「折れそうな心」を支え続けた点では、最大の功労者と言えよう。

余談だが、ある友人より、ゾルゲ事件当時、警視庁警保局保安課長だった村田五郎氏から直接聞いたという実に興味深い逸話を伺った。ここにその要旨を紹介しよう。

「ゾルゲと言えば、村田五郎さんを思い出します。村田さんは内務官僚で、警視庁保安課長として、尾崎、ゾルゲ逮捕を指揮した人物で、のちに内閣情報局次長を務め、戦後は自民党の政治資金団体・国民政治協会会長だった。その村田さんから尾崎に関する話を何度か聞きました。村田さんは台湾出身で、尾崎の家は村田さんの家と近くだったそうで、尾崎は村田さんのことを『兄さん』と呼んで慕っていたそうです。村田さんは台北中学、第八高等学校を経て、1923年3月東京帝国大学法学部を卒業。前年の1922年11月、高等試験行政科試験に合格。1923年5月、内務省に入り富山県警部として警察部警務課に配属されました。

村田さんより2歳年下の尾崎は『兄さんに倣い僕も内地の高校、大学へ』と後を追い、台北第一中学校、第一高等学校を経て東京帝国大学法学部と進んだそうです。村田さんが内務省に入省すると、尾崎は『僕も内務省へ』と言ったが、高等試験行政科試験に落ちたので、東大大学院に1年間在籍した後、1926年、朝日新聞社に入社したそうです。彼が高等試験行政科試験に合格していれば、スパイとして逮捕され死刑になることもなく、逆にスパイを検挙する側になっていたかもしれません。『禍福は糾《あざな》える縄の如し』と言えるような人生劇ですね。

尾崎を逮捕する前日、村田さんが満鉄クラブで部下と逮捕の打ち合わせをしていると、後ろから肩を叩く人物がおり、驚いて振り向くと、尾崎だったそうです。『兄さん久しぶり』と言う尾崎を見て、『運命の悪戯《いたずら》とはこのことだ』と思ったそうです。事実はまるで小説のようで、村田さんの話には驚かされました。

尾崎の父親は報知新聞記者から後藤新平の誘いで台湾に渡り、総督府機関紙『台湾日日新報』の編集局長を務めています。獄中の息子に短剣を渡し『死ね』と言った父親は、失意の中に亡くなったそうです。

ロシア大使館の館員から聞きましたが、ソ連時代から現在まで大使や駐在武官は日本へ赴任すると、真っ先に多磨霊園のゾルゲの墓に詣で『ゾルゲに倣う』ことを誓う儀式がなされているそうです。実に情けない話です」


花子がゾルゲの死を知ったのは、逮捕後4年もたった、終戦間もない1945年10月のことであった。その3年後、花子はゾルゲ事件を伝える小冊子で「ゾルゲの死体は引き取り手がなく、雑司ヶ谷の共同墓地に土葬された」ことを知った。花子は東京拘置所に何度も足を運び、ゾルゲの亡骸《なきがら》の行方を尋ね続けたが、係官は何も教えてくれなかった。

しかし、愛する人の遺体を懸命に探す花子の姿に心を打たれた共同墓地の管理人が救いの手を差し伸べてくれた。ゾルゲが亡くなって5年がたった1949年11月、管理人は花子に、「先日、共同墓地に埋葬された人たちを合葬した際に、骨格が大きい外人らしいものが見つかった。あなたが引き取りに来ると思って、合葬せずに別にしておきました」と伝えてくれた。

こうして、間一髪でゾルゲの遺体は花子の手に帰ってくることになった。合葬されてしまえば、ゾルゲの遺体を特定する手段がなくなってしまうところだった。掘り起こされた白骨の足の部分には、第1次世界大戦中に負傷した傷の痕が刻まれていた。また、処刑された時にかけていたロイドメガネも出てきたことで、白骨がゾルゲ本人の遺骸と確認された。

当然のことながら、スターリンはゾルゲ事件を無視し続けた。ソ連がゾルゲの名誉を回復し「ソ連邦英雄」にしたのはブレジネフ政権になってからである。日本を震撼させたスパイの「妻」として孤立無援の花子は、1948年にゾルゲの回想録の執筆を始め、1949年5月にその一部を雑誌「旬刊ニュース」に発表した。その後、7月に『人間ゾルゲ』の題で著書として上梓した。花子はゾルゲの遺骨を多磨霊園に改葬することを遺骨発見前から決めており、自著の印税を墓地購入費に充てた。翌50年11月、ゾルゲの遺骨を墓地に納めた。

1955年からは、尾崎秀樹（ゾルゲ事件の尾崎秀実の異母弟）や川合貞吉（尾崎秀実・ゾルゲと交流し、コミンテルンのスパイ活動に参加）の誘いにより、多磨霊園でのゾルゲ・尾崎墓前祭（命日前後に実施）に参加するようになった。1956年11月、「尾崎・ゾルゲ事件犠牲者救援会」の支援も受け、多磨霊園のゾルゲの墓地に墓碑が建立された。これに先立ち、回想録の増補改訂版となる『愛のすべてを―人間ゾルゲ―』（鱒書房）を刊行したが、これは墓碑建設資金を得ることもその目的であった。

ソ連政府はゾルゲの名誉回復後、墓碑の改修費用を出し、花子に対してはソ連国防省から少額の年金も支給された。1965年、花子は初めてソ連を訪問した。1967年にはモスクワに招かれて、テレビ番組でゾルゲについての回想を語っている。

いずれにせよ、日ソの敵対関係を念頭に置かなければ、「ゾルゲの日本人妻」として、戦前と戦後の激動のドラマの中で、花子が1人の女性・人間として立派にその役割を果したことは間違いない。花子の一連の活動を見れば「日本の女性は健気で強い」との感慨に打たれる。また、スパイ（男性）には彼を支える女性が存在するのが一般的で、「スパイの陰に女在り」という格言が成り立つのではないだろうか。

北朝鮮による拉致被害者である横田めぐみさんの母親の早紀江さんや地下鉄サリン事件で夫を亡くされた高橋シズヱさん（被害者の会代表世話人）など、事件がなければ「名もなき人々」で終わるはずの方々が、不運に遭遇するや、実に素晴らしい高邁な人格識見をもって、ひたむきに救済活動に邁進される様子を見るにつけ、同列に論じることに異論があるかもしれないが、石井花子のことと重なる部分を見いだすのは私だけだろうか。

中村天風とハルピンお春

中村天風（1876年～1968年）は、「心身統一法」の創始者である。「心身統一法」とは「天風哲学」と呼ばれる宇宙観、生命観、人生観をバックグラウンドにして組み立てられたもので、〝いのちの力〟を十分に発揮するための中村天風オリジナルの理論と実践論である（中村天風財団オフィシャルサイトから）。「心身統一法」で人生を切り開いた人たちの中には、東郷平八郎、原敬、北村西望、宇野千代、双葉山、松下幸之助、広岡達朗、稲盛和夫、大谷翔平など各界の著名人がいる。

天風は、波乱万丈の人生の前半において、日清戦争（1894～95年）と日露戦争（1904～05年）で軍事密偵として活躍した。日清戦争が終わると間もなく、日露の間で、朝鮮半島と満州の権益を巡り対立が深まった。参謀本部は秘密裏に軍事密偵を募集した。天風は、日清戦争での軍事密偵の痛快さが忘れられず応募した。参謀本部は、3000人の応募者の中からまず200人を選抜し、彼らに対して厳しいスパイ特殊訓練を1年間実施したが、最終的に合格したのはわずか113人だった。もちろん、天風も合格者の1人で、1900年の夏に陸軍参謀本部情報官員歩兵大尉に任官した。24歳の時だった。

日露開戦1年前の1902年末に、天風は呼称番号103号・藤村義雄の偽名で満州に潜入した。直ちに、日露開戦前のロシア軍情報の収集と後方撹乱のための謀略工作を開始した。天風は、満州に生まれ育った橋爪亘、近藤信隆とチームを組んだ。2人は、満州人そっくりで中国語も堪能だった。翌1903年は、しばらく北京と天津での任務をこなしたあと、再び満州に潜入した。

1904年2月8日に日露戦争が勃発した。天風はロシアの後方基地であったハルピンにおいて鉄道などの破壊やシベリア第2兵団軍司令部襲撃など目覚ましい活躍をした。

日露戦争の勝因の1つは日本が情報能力でロシアを上回っていたことだ。日露戦争を観戦武官として観察した英国のウォータス陸軍武官は次のように証言している。

「ロシア軍はひどい情報しかもっていなかった。司令部の参謀や他のロシア将校たちは皆、中国人のスパイが彼らにとっての主な情報源であった。中国人は雇い主に忠実であったが、その情報は全く信頼できなかった。それは東洋的な心理作用によるもので相手が受け入れやすいことをいうのを好むものだ」（佐藤守男『情報戦争としての日露戦争――参謀本部における対ロシア戦略の決定体制1902～1904』（北大法学論集51巻4号））

天風をはじめ113人の日本人軍事密偵はロシア軍が使った中国人スパイに比べ、はるかに質の高い情報を満州軍（総司令官・大山巌）と参謀本部にもたらしたことは確かだろう。ただ、これら軍事密偵の活動環境は危険で劣悪極まりないものだった。天風の命懸けの活動を物語るエピソードを紹介しよう。

天風は、1904年4月には後方攪乱で、東清鉄道や松花江の鉄橋を爆破した。また、陸軍の青木宣純大佐率いる特務機関に参加し、ロシア軍の輸送幹線である東清鉄道爆破任務のためラマ僧に変装して満州に潜伏するが、チチハルにてロシア軍に捕縛されハルピンで銃殺刑に処された横川省三大佐と沖禎介大尉の遺骨を奪還した。「人斬り天風」と呼ばれるゆえんとなった馬賊との斬り合いもやった。馬賊6人と斬り合いをしている時、ピストルで撃たれたが、相手を切り倒した。その時天風は面白い体験をしている。天風は、それから数日間戦場を駆け抜け日本軍の屯所に戻った。橋爪が天風の腹に銃弾の傷痕を見つけたのだ。橋爪から言われて、上半身裸になってみると、腹の傷は小さかったが、背中にはザクロのような傷痕が残っていた。馬賊が放ったピストルの弾は、天風の体を貫通していたのだ。天風は、橋爪からそのことを聞いた途端、へなへなと倒れ込んだという。腹をピストルで撃ち抜かれたことに気付いていない間は何ともなかったが、弾が貫通していることが分かった途端、恐怖に襲われたのだ。

天風はのちに、カリアッパ師からヨーガの修行を受け、「心が体をコントロールしている」という事実を身をもって悟ることになるが、銃弾が我が身を貫通したこの体験は、いち早くそのことを実感するものだったに違いない。

天風の活躍は続いた。秋には、河北省の承徳宮の高い楼門からロシア騎兵の動きを偵察中に狙撃され、それを躱そうと楼門から飛び降りた時に背骨を打ち、3日間の昏睡状態の後、数十日も動けないほどの重傷を負った。それ以来、その時の後遺症で度々強度のめまいに襲われることになる。

敵はロシア兵だけではなかった。牡丹江では、オオカミの群れに襲われ椎木《しいのき》の上で3日3晩過ごし助かった。仲間の1人は、これに耐えきれず3日目の夕方に木から飛び降りたところをオオカミに襲われ餌食となった。

日露戦争に備えて参謀本部が放った軍事密偵は合わせて113名いたが、そのうち生きて大連に到着したのはわずか9名であった。生還率は、実に1割に満たなかった。その事実こそが、軍事密偵の任務の過酷さを物語るものだろう。だが、それだからこそ、日本の軍事密偵は中国人スパイに比べ、質の高い情報を獲得できたのであろう。

言うまでもないが、日本が情報能力でロシアを上回っていた最大の理由は日英軍事協商に基づく英国からの情報・通信支援であった。英国は世界覇権体制——パクス・ブリタニカ（英国による平和）——を強固にするために、日露戦争の2年前の1902年には、世界を網羅する海底電信ケーブル（All Red Route）を完成させ、情報・通信を支配できる体制を完整させていた。

また、後で述べるが、日露戦争の陸戦を担当する満州軍の高級参謀（情報担当）に情報エキスパートの福島安正を補していたことも見逃せない。福島は青木宣純大佐率いる特務機関の運用など、情報・謀略工作を縦横に駆使して満州軍の戦勝に貢献した。

天風は、こんな生死を懸ける戦場で、健気に咲いた〝一輪の花〟に出会った。〝一輪の花〟とは、ハルピンお春という馬賊の頭目だった。お春に遭遇したのは、天風が大豆商人に変装してロシア軍の動向を偵察中のことだった。天風は、お春の拠点で2、3日を過ごした。天風がのちに、「私は世界の3分の2を旅して回ってきたが、美人だと思ったのは、ハルピンお春とサラ・ベルナールの2人だけだ」と懐述したほどの女性だった。サラ・ベルナールはフランスの舞台女優で、天風が日露戦争後結核にかかり、治癒の道を求めて欧米を訪ね歩いた際に、寄宿させてもらうなど親身に世話をしてくれた女性だ。

天風が馬賊の拠点を去る時に、ハルピンお春が「かわいい娘をお前の遊び相手にやるよ」と、玉齢という名の16歳の少女をくれた。玉齢は、馬賊に拉致されたのだった。天風は玉齢が不憫になり、わざわざ馬車で少女の家の近くまで送り届けた。

「情けは人のためならず」という言葉があるが、天風はまさにこの言葉通り満人少女の玉齢に命を救われることになった。玉齢を実家に送り届けてから一カ月ほどたった3月27日、天風はコサック兵に捕らえられ、死刑宣告を受けた。天風は、翌朝には刑場に連れていかれ、杭に縛り付けられて立たされた。「何か言い残すことはないか」と問われたが、「ない」と答えた。それがスパイの運命と覚悟していたのだ。

コサック兵の指揮官は「ロシア帝国皇帝ニコライ2世の名において銃殺刑に処する」と宣言し「撃ち方用意」という号令をかけた。射手達が一斉に銃を構えると、流石の天風も観念して瞑目したという。その瞬間奇跡が起こった。同僚の橋爪とあの小娘の玉齢がハルピンお春率いる馬賊と共に駆け付け、コサック兵目がけて手榴弾を投げつけた。手榴弾はコサック兵をなぎ倒し、天風も縛り付けられた杭ごと吹き飛ばされた。だが、幸いにも、天風は九死に一生を得た。

残念なことに、玉齢はコサックの銃弾で〝戦死〟してしまった。天風は以後この日を、己の「第2の誕生日」と称するとともに、命の恩人である玉齢を偲ぶ日にしたという。

次項の「石光真清と女郎たち」でも述べるが、天風や石光真清のような孤立無援の日本軍のスパイに対して、名もない女性たち――多くの場合は長崎や天草辺りから満州に売られてきた薄幸な女郎たち――が我が身を犠牲にして支援・協力する様子を見るにつけ、私の胸は熱くなる。この時代の日本人は、男女・貴賤の別なく、国を思い、同胞を扶《たす》ける気持ちを持っていたのだ。

石光真清と女郎たち

お花

石光真清（1868年―1942年）は、明治から大正にかけてシベリアや満州でのスパイ活動に従事した日本陸軍の軍人（最終階級陸軍少佐）である。熊本市に生まれた石光は、少年時代を神風連の乱や西南戦争などの動乱の中に過ごし、陸軍幼年学校に入った。石光は、中尉の時に日清戦争で台湾に遠征したが、これを契機に、ロシア研究の必要を痛感して帰国した。1899年に特別任務を帯びて黒竜江奥地の要地ブラゴベシチェンスクに潜入し、ロシア軍の動向についてのスパイ活動を開始した。その後石光は、菊池正三の変名でハルピンに写真館を開いた。石光のスパイ活動は、北部満州におけるロシア軍の動向に向けられた。石光は写真館経営を偽装しながら、東清鉄道の写真はもとより、予想戦場の重要な地形・地物（兵用地誌）や軍の重要施設を撮影し、ネガをトランクや荷箱の内側に密かに張り付けてウラジオストク経由で参謀本部に送った。

日露戦争後は軍籍を離れ、3等郵便局長や貿易商などを手掛けたがことごとく失敗し、失意の生活を送り、大東亜戦争中に没した。石光の業績が日の目を見るのは、戦後の1958年から59年にかけて、石光が晩年に書きためた手記などを元に、長男の真人氏が『城下の人』『曠野の花』『望郷の歌』『誰のために』（すべて中公文庫）の全4部作を龍星閣から上梓したことによる。なお、1999年、石光の手記や収集した地図・文書・写真など約750点が遺族から国立国会図書館憲政資料室に寄贈された。

日本人女性が、海外に出てつらい運命を生きた例としては「からゆきさん（唐行きさん）」がある。彼女たちは、19世紀後半、主に東アジア・東南アジアに渡って（売られて）、娼婦として働いた。長崎県島原半島・熊本県天草諸島出身者が多く、海外渡航には斡旋業者（女衒《ぜげん》）が介在していた。

中村天風や石光真清が満州で活動した日露戦争前後にも「からゆきさん」と同様、日本から大陸に売られた女郎たちがいた。ロシアが旅順と大連の2つの港の建設工事を始めると日本人の建設労働者が集まり、彼らを相手にする日本人の雑貨商と女郎がこれに従った。戦争が始まる前年、1903年6月の時点において、在満日本人の総数は2500人にすぎなかったが、この中には相当数の女郎が含まれる。

石光が満州で巡り合った女性は様々な理由で満州に売られてきた女郎たちだった。石光真人氏は『曠野の花』の中で、満州の広野で数奇な運命に弄ばれながらも、逞《たくま》しく生きる女性たちと父・真清との交流を描いている。彼女たちは異国の満州にあって、身は女郎や馬賊の妾にやつれても、日本人としての矜持を失わない健気さがあった。石光は、これら不運な女性たちを同じ日本人として慈しみ、一方で、彼女たちから度々の危機を救われることにもなる。

石光が最初に満州で出会った日本人女性はお花であった。お花は長崎生まれで、騙されて満州に連れて行かれて女郎をしていたが、馬賊の頭目の宋紀の妾となり、いつの間にか銃を持ち、馬に乗ることを覚えた。石光がお花と会ったのは1900年2月で、アムール河岸の愛琿（現在の愛輝）である宿に泊まった時だった。その宿は、お花が宋紀から経営を任されたものだった。お花は、宋紀の稼業である馬賊にプライドを持ち「馬賊は泥棒ではなく満州の旅の安全を保障する警備保障組織です。広い満州では筋を立てて馬賊に頼めば警察より確実に保護をしてくれます」と石光に弁じた。

石光は、その年の10月半ばにお花とハルピンで再会した。何と、お花は弁髪をした男装で、「一郎」と名乗り、石光が開業した洗濯屋を訪ねてきたのだった。主人の宋紀は行方不明となり（実際にはロシア軍に捕らえられて処刑〔斬首〕されていた）、馬賊の配下の者もほとんど離散したというのだ。途方に暮れたお花は、はるばる愛琿からハルピンまで石光を訪ねてきたのだった。

お花は、宿に来た「一見の客」だった石光の人柄に信頼を寄せ「私がハルピンに来たのはあなた様にお目にかかりたかったためです。私が満州で会った日本人と言えば尊敬できる方はおりませんでした。心から相談もしたい、教えも請いたいと考える日本人として胸に浮かんだのはあなた様のことでした」と告白した。石光は不遇のお花を洗濯屋の番頭として雇い、面倒を見た。

石光はその後、ウラジオストクに行き、参謀本部から、「ロシア軍の東亜征服計画の推移を見守り、その情報収集のための手段として、写真屋を開業せよ」という指令を受けた。ロシア人は写真撮影を非常に好むという話を石光は知っていた。彼は軍から、当時のお金で3000円の援助を受け、開業までこぎ着ける。菊池写真館は繁盛し、ロシア人個人からの撮影の依頼が日々40～50件ある他、軍当局や東清鉄道から鉄道の建設状況や重要建築物・橋梁の撮影注文も多かった。これらの写真は、いずれも日本軍にとっては貴重な情報になるのだ。

参謀本部から満州を訪れた鋳方陸軍少佐が不用意に口を滑らせたこと（ハバロフスクで写真館をやっている邦人の女房に、ハルピンにおける石光の写真館のことを話した）が原因で石光の身分（陸軍将校のスパイ）がバレそうになった時には、お花がいち早く知らせてくれ、難を逃れた。

石光はお花の献身的な奉公に報いるために、写真館の売り上げのうち４５００円という大金を渡し、１９０１年９月末、ウラジオストク出帆の汽船で日本に帰国させた。石光は、ウラジオストクでの別れ際、涙にくれるお花にこう述べた。

「これが一生の別れだ。今日が生き別れだぞ。良いか。（中略）妙な義理立てをしてお礼の手紙や思い出の手紙など書いてはならぬ。（中略）それに……ちゃんと僕の意中（筆者注：石光がスパイとして露軍関連情報を収集していること）を察して大切な情報をたくさん集めてくれたね。それなのに僕は本当の事を一度もお前に言わなかった。何も知らなかったことにして帰っておくれ。よいか。親兄弟にも話してくれるな。これが最後のお願いだ」

石光は自分がスパイをしていることをお花には最後まで明かさなかったが、お花は察していたようだ。石光の言葉の中には、お花への心からのねぎらいとともに、「守秘」についての心配りが窺われる。

お君

石光は、1900年8月頃、お君とハバロフスクで出会った。お君は女郎上がりで、2千余名の配下を持つ馬賊の頭目、増世策の妾であった。お君によれば、増世策は生白く痩せ型の小男で、ちょっと見ると女が男装でもしているような姿で、お君の肉体を弄ぶことはないという。女郎として最初に買われた時から優しく丁寧な言葉遣いで「おまえの身の上は気の毒なものだなあ、随分つらいことも多かろう。だが今夜は僕が買ってやる、明日も1日買ってやる。ゆっくり骨休めをしたらよいと」と言って、お君に指1本触れないままさっさと寝てしまったという。

その後、お君は増の妾となり、馬賊の仲間に入れてもらうことになった。増をはじめ馬賊たちが日本人の石光や女郎に親近感を寄せる背景には、彼らがロシアの満州進出を切実に脅威と感じ、同じアジアの国である日本に対して一抹の期待を抱いていたからかもしれない。増の心根（親日感情）を熟知するお君は、彼の留守中に石光を増の拠点である雑貨店に招き入れ、番頭の趙（増の知恵袋）などを紹介した。石光は増が帰宅したあと「誼《よしみ》」を結んだ。石光はスパイ任務については一切秘密を守り通したが、増もお君も石光が俗人とは何かが違うことを感じ取っていたものと思われる。石光は期せずして、お君、増、趙からロシアの動向に関する情報活動を支援してもらうようになった。まさに「阿吽《あうん》の呼吸」というべきものであった。

人と人の巡り合わせとは不思議なものである。増の先輩格に当たる馬賊の頭目がチチハルの宋紀であり、その妾が何とあのお花であった（前項を参照）。当時の満州では、〝大和なでしこ〟と言われる日本人女性は希少価値があり、女郎が請われて馬賊の頭目の妾になるケースがあったのではないか。そんな彼女たちは、スパイや謀略を任務とする石光にとっては貴重な存在であったに違いない。

満州馬賊が持つ反ロシア感情が窺えるエピソードがある。増はお君、趙、石光と一緒にハバロフスクホテルのレストランに出かけた。レストランは、ロシアの官吏と軍人でいっぱいだった。彼らは大声でブラゴベシチェンスクの大虐殺の話で盛り上がっていた。この事件は、1900年に、ブラゴベシチェンスクで、清国人3000人がロシア軍によって虐殺されたもので、石光も目撃している。

ロシア人官吏の1人が乾杯の音頭で、「つまるところこの事件で満州は大ロシア帝国に併合され、世界の地図が塗り替えられる。鉄道工事もどしどし進捗する。それにつれて満州の鉱山が開発され欧亜両大陸にスラブの大帝国が栄えるというわけだ。さあ皆さん大ロシア帝国の成功を祝し、ツァールの万歳を叫びましょう」と声高らかに叫びシャンパンの杯を上げれば、一同は一斉に起立し、「ツァール万歳」を唱えた。ロシア人たちは、あからさまにシナ人の感情を無視して、侵略の野望を隠すどころか声高に叫ぶほどの増長ぶりであった。今日、中国とロシアは「戦略的パートナーシップ関係にある」と粉飾しているが、中国にとって、ロシアの満州進出によって引き起こされたブラゴベシチェンスクの大虐殺などのような屈辱的な歴史の記憶が胸中から消え失せるはずはない。

その光景を見た増世策は悔しさの余りか顔は青ざめて、机の端に置いた両手を固く握り締めたまま運ばれた皿に手を付けようともしなかった。こんな増だったたが、皮肉にものちにロシア軍によって捕らえられ斬首される運命にあった。

石光がお君と最後に会ったのは、国境視察をしてハルピンに引き返す途中だった。横道河子駅で偶然にお君の馬夫に出会い、そこから5里も離れた山奥の隠れ家に案内された。

お君は、増がロシア軍に捕らえられ斬首されたことも知らずに、足掛け3年も増の帰りを待ちながら馬賊の生き残り100人を率いて、山から木を切り出して、ロシアに鉄道の枕木を供給し、糧を得ていた。

男子の支那服で弁髪のお君は、「馬賊の女房が尾羽打ち枯らして、郷里へ帰れるものですか。死ぬ機会を失うと不思議に気が強くなるもので配下の手前どこまでも生き抜いてやりたいという気になりました。私は一生この山を出ません。この山で死ぬ覚悟をしています」と健気に石光に言うのだった。

お君と石光の人間関係は面白い。男女の関係ではなく人と人との信頼関係だ。石光は、兄事した橘周太（のちの「軍神」）から「信用は求むるものに非ず、得るものなり」と教えられた。石光の日本人女性や馬賊との交流を見るにつけ、彼が橘周太の金言を心に刻んでいたことが窺われる。他人の信用を得ることこそが、ヒューミント成功の最も重要なカギなのである。

お米

1900年9月5日、石光は馬賊の趙（増世策の部下）と共に船に乗りハバロフスクからハルピンに向かった。しかし、ロシアの朝鮮人スパイが乗り合わせていたので、彼を撒《ま》くために途中の三姓城で下船し（14日）、陸路ハルピンに向かうことになった。三姓城外を歩いていると、土煉瓦の小屋の中から日本語で「兄様（アンシャマ）、助けてくれまっせ」と助けを求める声が聞こえた。戸を開けて首を差し入れて小屋の中を覗くとプウンと異臭がした。中には3人の日本人女郎達がいた。女達は油気の抜けた髪を振り乱し、青黒い汚れた顔で、窪んだ目を光らせて怯えていた。3人の女は半破れの汚れた蓆《むしろ》を土間に敷いて、ロシア更紗の服を着てはいるものの、上衣のほうは破れ、胸は裂けて乳房ははみ出し、スカートは物乞い同様に破れちぎれて赤い汚れた腰巻がようやく恥を隠している程度であった。素足にはチグハグの支那靴を履いていた。まぎれもなく女郎衆の行き倒れだった。よほど弱っていると見えて3人は、もぞもぞと身を起こしたが、何も言わずに3人が寄り添って石光と趙の顔を眺めるだけであった。

石光が、「おい、怖がるんじゃない。僕は日本人だ。一体この態はどうしたんだ」と言うと、「兄様、助けてくれまっせ。もう1週間食べておりまっせん」と泣き出した。

3人は、お豊、お槇、お米である。3人は長崎から売られてきた女郎で、黒竜江沿岸の金鉱のある太平溝で、それぞれ違う店で商売をしていたが、8月1日の夕方コサック兵がドヤドヤと上陸してきて突然村落に一斉射撃を浴びせた。清国の警備兵も巡査もあまりに突然の事態に驚いて、武器を捨てて山の中に逃亡してしまった。村民も鉱夫も着のみ着のままで山の中に逃げ込んだので、女郎達もそれぞれ無我夢中でそれに従い山奥深くに入り込んだのだ。夜が明けてみると、避難民30人ほどの中に偶然に日本人女郎3人が紛れ込んでいた。3人は自然に一緒になり、支那人の後を追っていたが、やがて見失って女郎だけが取り残されてしまったというわけだ。

3人は日本人がいるハバロフスクへ行くことを決め、道順も分からない中、「手のひらに唾液を垂らしてそれを人さし指の先で叩いて唾液が多く飛んだ方に行く」とか、「棒を土の上に軽く立ててそれが倒れた方に行く」という故郷の言い伝え——迷信——に従って山の中をさ迷った。途中漁師の集落や湯原という比較的大きな村に行き着き、食糧を恵んでもらい数日間寄宿させてもらったという。3人は村人から「ハバロフスクとは反対方向」に進んでいることを知らされ愕然とする。

3人はハバロフスク行きの計画を断念し、村人から日本人もいると聞いたハルピンに向かうこととなった。さらに物乞い旅行を続け、悪戦苦闘の末に辿り着いたのが、何と、3人が逃げ出した三姓の街だった。3人は、〝振り出し〟に戻ったのだ。

疲労困憊《こんぱい》した3人は、もはや旅を続ける気力も失せてしまった。村でもらった服も破れてしまい、足も裸足同然、風に吹かれるとむき出しになる胸も腰も隠せなかった。この格好でうろつけば、結局、苦力《クーリー》の群れに捕まって嬲《なぶ》られるか、ロシア軍に捕らわれて玩具《おもちゃ》にされた上殺されるかである。そんなことなら、いっそのこと死んでしまおうじゃないかと街はずれのこの小屋に入って死を待っていたのである。そこへ石光たちが通りかかったというわけだ。

女たちの話を聞いて同情した石光は趙に身にまとうものを買うように指示した。趙が買い込んできた大きな包を解くと、どこでどうして集めたものか、女の支那服が3着、下着までそろえていた。靴もどうやら履けそうである。化粧品や櫛までが趙の細かい心遣いを示していた。

3人に分け与えると、彼女たちは水桶で顔を洗い、肌を拭い、小屋の中でいそいそと服装を整えた。石光と趙は、戸外で30分ほど待っていたが、小屋から出てきた彼女たちを見て驚いた。服は大して上等ではなかったが、どうやら身丈に合っていた。髪は油で艶々していたし、薄化粧までして、心持ちか瞳まで濡れているように見える。今の今まで死と直面していたのに、身なりを整えただけで女の本性までが蘇ってきたようだ。「女は化けものだと言うが、これは驚いた」と石光は記している。

石光は、「これなら連れて歩いても、おかしくはないだろう」と思ったが、生死の境を脱したばかりの彼女たちのことを思いやって、宿を見つけて一夜を明かすことにした。胃袋を満たし、蒲団の中で寝て、朝となれば顔を洗い、歯を磨き……こんな当たり前のことが彼女たちを有頂天にした。

お豊は起き抜けからしゃべり続けである。お槇は無口で黙りこくっており、1番若いお米はお槇の陰に隠れて1人で恥ずかしがっていた。女たちにとって石光は大切な救命主だったに違いないが、彼が便所に立ってもくっついて来て目を離さないのには閉口したという。彼女達にしてみれば、石光に逃げられては大変だと思ったのであろう。少し早かったが午前6時には宿を出て牡丹江を渡ったあとは、5人ひと固まりとなって歩いた。お豊はまだ石光を信頼できないらしく、「ハルピンまではぜひお伴させてください」と哀願した。趙は彼女たちを見てしきりに感心しこう言った。

「日本の女は偉い。支那の女にも朝鮮の女にもこんな真似はできません。2カ月の間一文無しで、着のみ着のままで500露里（1露里は約1067m）、600露里も歩き回るなんて……。しかもこの騒動の中で、男にだって出来ることじゃありません。増先生がお君さん、紀鳳台先生がお房さん、宋紀先生がお花さんというように、先生たちは皆日本の女性を夫人に迎えていますが、当然のことですね」

それに対し、石光が「趙君どうだい、この中の1人を夫人にしちゃあ」と冷やかしたら頭をかいて笑った。

3人は無事人間性を取り戻し、馬賊の副頭目の夫人としてハルピンへの旅を続けることになった。旅の途中、石光が馬賊の頭目の高大人に挨拶に行った留守に、女郎3人は増世策と同じ馬賊の高の馭者《ぎょしゃ》の李という男に突然拉致され、行方知らずとなった。

ハルピンに着いた石光は、スパイのカモフラージュとしての洗濯屋を始め繁盛する。1900年12月末頃、石光は、ロシア軍将校の誘いで寛城子の偵察に向かう途中、ロシア軍の朝鮮人スパイと間違えられ、馬賊に捕らえられ、拉林城の獄舎に投ぜられ、そこで1、2カ月間も劣悪な獄舎につながれた。

動物園の猿のように木柵に両手を差し挟み饅頭《まんじゅう》が来るのをいつものように待ち焦がれていると、その時ふと眼に映ったのが行方不明になった女郎の1人お米であった。石光は懸命に声を振り絞り、夢中で両手を柵外に出して手を叩くとお米も石光に気付いた。お米はすぐに駆け寄って来て「お別れしてまだ半年もたたないのに、お話はともかく一刻も早く出られるようにしましょう。一寸《ちょっと》の間だけお待ち下さい」と言って、支那兵と交渉し奇跡的に石光は解放され、お米はそこで石光と別れたあとの波乱万丈の経緯を説明した。お米は石光と離れ離れになったあと、紆余曲折を経て今の馬賊の頭の宋紀に囲われていたというのだ。石光は宋に頼み込んでお米をもらい受け、ウラジオストクから日本に帰国させることにした。石光はお米を伴って陸路（馬車と徒歩）でニコリスクに出て、そこから汽車でウラジオストクに向かうことにした。満州は広く人口も希薄だ。途中、老爺嶺に差し掛かったが、徒歩で行くしかなかった。お米は「私は大平溝から三姓まで歩いた女ですから」と弱音を吐かなかった。

零下30度の極寒の中、見渡す限り家一軒もない。険しい峠を越え密林を抜ければ石のように凍り付いた平原に出た。すると、その先には再び峠と密林とが続いていた。四肢は知覚を失い、唇も黒ずんで硬くなってきた。お米はと見れば死人のように蒼白な顔をこわばらせ、頭から被った毛布は霜に覆われ白く、杖に寄って今にも倒れそうに見える。夜は焚き火をしながらの野宿である。お米の顔には絶望と諦めがあるだけだった。

「すみません、ご迷惑ばかりおかけして――足手纏《あしでまとい》になるばかりです。大事なお体ですから、私を捨ててお行きください。無理は申しません――私はとっくに死んでいる身ですから」

そんな弱音を吐くお米を励ましながら旅を続けたが、行けども、行けども密林と氷原の繰り返しであった。そして、夜は吹き曝《さら》しの中の野宿である。野宿の頼りは薪だけだ。石光は火の番をお米に頼み、枯れ木集めに闇の中に分け入った。薪を10把ほど集めた頃、お米の方向を振り向くと今まで見えた焚き火が消え一面の闇に塗りつぶされていた。お米の名を呼び続けたが何の応答もなかった。石光は、その場で焚き火を起こし一睡もせずに過ごした。翌朝、お米がいた場所に戻ると、お米は消えていた。薪も残っており、夜具の枯れ草もそのままで、携帯の品も全部が残されていた。

お米は、石光の足手纏にならないよう、死を覚悟して、石光が目を離した隙に密林の闇の中に消えたのだった。石光は、手記の中で「お米よ、さようなら。私はその後もついに彼女の消息を知ることができなかった。有難う、お米よ」と書いている。

『海行かば』の一節に、「海行かば　水漬《づ》く屍　山行かば　草生《む》す屍」とあるが、この歌詞は軍人だけのものではないはずだ。意を決して満州の密林に行き倒れたお米もこの歌の趣意に相応しい女性ではあるまいか。

石光はお米を助けたが、それに報いてお米も自らの命に代えて石光を助けた。石光は「女郎」などと蔑まず、お君やお米を対等の人間・同胞として遇し、彼女たちの信頼を勝ち得、自らの命と志・使命を支えてもらうことになった。前項でも書いたが、石光が兄事した橘周太の「信用は求むるものに非ず、得るものなり」という訓《おし》えは、彼のスパイ活動に大きな力を与えてくれた。この訓えは、のちの陸軍中野学校の教育理念である「謀略は誠なり（真心から発する誠がなければ大事を成すことはできない）」と相通ずるような気がする。

石光と天風のスパイ活動が、草莽《そうもう》の名もなき日本人女性たちに支えられたことは明らかだ。

イスラエルのモサドは世界に分散したユダヤ人に支えられているという。スパイにとって異国に生活基盤を持つ同胞ほど頼れる者はいない。日露戦争が迫る中、満州に女郎として売られ健気に生きる日本人女性たちの援助なしには、天風も石光もロシアに対するスパイ活動を全うし得なかったことだろう。

第5章

スパイM
――特高警察と共産党の鬩《せめ》ぎ合い

スパイ合戦は国家同士だけで行うものではない。国内でも、国家権力機関と反体制勢力との間でスパイ合戦が行われる。戦後の日本でも自衛隊、警察、公安調査庁などの治安機関と共産党、新左翼、オウム真理教などがスパイ合戦をやっている。このことは、戦前も同じで、1922年に誕生した日本共産党と特別高等警察の間で熾烈なスパイ合戦が行われた。

敗戦で廃止された特別高等警察、「特高」とは、いかなる組織だったのか。『ブリタニカ国際大百科事典』（ブリタニカ・ジャパン）によると、以下の通りである。

「反体制活動の取締りのために設置された戦前警察の一部門で、思想警察として主として社会主義運動の取締りにあたった。特高として知られる。1911年幸徳秋水の大逆事件後に警視庁に特別高等課が設けられたのが始りで、12年に大阪府に、23年には北海道、神奈川、長野、京都、兵庫、愛知、山口、福岡、長崎にも設けられるにいたった。さらに三・一五事件（筆者注：1500人におよぶ日本共産党などの活動家が、治安維持法で一斉に検挙された事件）のあった28年には全国の府県に設けられた。32年に警視庁特別高等課が特別高等警察部に昇格し、特別高等、外事、労働、内鮮、検閲、調停課に分れ、特別高等課第1課が左翼を、第2課が右翼を担当した。全国の特高部、あるいは特高課は内務省警保局保安課のもとに一元的に統轄され、極端な思想弾圧組織として恐れられた。45年10月連合軍総司令部の覚え書によって全面的に廃止された」

その特高警察と日本共産党の狭間で二重スパイを働いた男がいた。戦後50年の節目に当たる1995年、小林峻一氏と鈴木隆一氏は『スパイM』（文春文庫）で、スパイMこと飯塚盈延《みつのぶ》（以下Mとする）の一生をドキュメント風に描いている。

マルクスとエンゲルスが書いた『共産党宣言』が1848年に発表され、マルクスの『資本論』第1部が1867年に公刊されて共産主義イデオロギーが生まれた。そして、この共産主義イデオロギーの影響下でロシア革命がおこり、ロシア帝国は滅び、ソビエト連邦が誕生した。ソビエト連邦の初代最高指導者のレーニンと、後継者のスターリンは、コミンテルン（1919年発足）を主導して各国共産党をしてソ連の外交政策を擁護させるとともに、世界革命の実現を目指した。

日本では、早くも1922年7月15日、野坂参三や徳田球一ら8人が、極秘のうちに日本共産党を設立した（第1次共産党）。日本共産党は「君主制の廃止」や「土地の農民への引き渡し」などを要求し、創設当初から治安立法により非合法組織とされた。1924年にいったん解散したが、1926年には再結党された（第2次共産党）。国家権力に目を付けられた日本共産党は厳しい弾圧の中で浮沈を繰り返した。

Mが共産党員となり、やがて特高警察の二重スパイに転向して、熱海事件――日本共産党幹部の一斉検挙事件――で仲間を国家権力に売り渡したあとに姿をくらますまでの経緯はこうだ。

Mは、１９０２年に愛媛県周桑郡小松町に生まれ、１９０９年尋常小学校に入学した。成績が良く天才と呼ばれた。父が日露戦争で戦病死し、母が裁縫で糊口をしのぐ生活だった。尋常小学校を終え高等小学校に進学するも退学し、15歳か16歳の頃故郷を出奔し、兄を頼って上京した。

Mが左翼思想に傾くのは上京した１９１７年か18年から労働運動に身を投じる１９２５年の間である。この間、第１次世界大戦（１９１４～18年）、ロシア革命（１９１７年）、米騒動（１９１８年）、日本共産党第１次検挙（１９２３年）、関東大震災（１９２３年）が起き、物情騒然たる世相であった。このような世相が、Mの心を左翼思想に誘ったのは確かだろう。

日本共産党中央委員長を務め、のちに転向した風間丈吉はその著『雑草の如く』（経済往来社）でこう書いている。

「思想上に大きな影響を与えたものとしては、１９１７年のロシア革命によってもたらされた我が国への影響であろう。毎日の新聞紙上に出てくる『労農政府』『過激派』などの文字は青年の心を躍らせる不思議な力を持っていた」

関東大震災の復興作業が緒に就いたばかりの1925年、Mは峰原暁助という偽名で東京東部合同労働組合（左翼労組）の本所支部に入り、労働争議の最前線に立つストライキマン（先陣を切ってストライキの応援に駆け付ける助っ人）となった。東京東部合同労働組合は勇敢な闘士である「渡政《わたまさ》」こと渡辺政之輔が指導者であった、Mはソ連に留学するまでの1年足らずの期間に、この渡政から多くのことを学んだ。

渡政の推薦があってかMはモスクワのクートべに留学することになった。クートべとは、スターリンがコミンテルンの名の下にソ連主導の世界革命を行うために、植民地および発展途上国の共産党幹部養成のために開設した「東洋勤労者共産大学」のことである。

Mは上海からウラジオストクを経てモスクワへ密航した。クートべでは、ヒョードロフの名で共産戦士としての訓練を受けた。ソ連滞在は3年8カ月（モスクワ2年8カ月、ウラジオストク1年）に及んだ。活発な活動員だったMだが、この間、心の中である変化が起きつつあった。それは、ロシア語などの成績が芳しくなかったことや指導官の権威主義的な態度にもよるが、主因は、スターリンが権力を握るに至る共産党内の権力抗争を間近に見聞したことだ。Mは徐々に共産主義に懐疑心を抱き始め、やがて幻滅を感じるようになった。のちに、親族には共産主義のことを「こんなくだらないものが世の中にあって、日本が良くなるわけがない」と語ったという。このことがのちに二重スパイに転向する伏線となるのだ。

Mは1930年5月に帰国したが、当時は、田中清玄他2名が党中央委員を構成する武装共産党時代（1929年7月から翌30年7月までの間、武装闘争方針が採られていた）の終末期だった。M帰国直後の7月14日、中央委員長の田中清玄が逮捕され党中央委員会は崩壊した。

ちなみに、田中清玄（1906年~93年）という人物は、左から右から実に振れ幅の大きい波乱万丈の面白い人生を送った。戦後はCIAの協力者となり、揉め事のフィクサーもやったといわれる。また、実業家としても、三幸建設や光祥建設の社長として活躍した。清玄は「文藝春秋」のインタビューで、60年安保で全学連幹部に資金提供していたことについて聞かれ、次のように答えている。

「当時の左翼勢力をぶち割ってやれと思った。あの学生のエネルギーが、共産党の下へまとまったら、えらいことになりますからね。一番手っとり早いのは、内部対立ですよ。マルクス主義の矛盾はみんな感じていましたから。ロシアの威光をかさにきてやる者、それから共産主義の欠陥をくみ取れない連中、進歩的文化人で流行りの馬に乗った人間、彼等にはそういういろんな雑多な要素があるんです。しかも反代々木（反日共）で反モスクワである点が重要だ。彼等を一人前にしてやれと考えた。反モスクワ、反代々木の勢力として結集できる者は結集し、何名か指導者を教育してやろうというので、全学連主流派への接触を始めた。もう一つは、岸内閣をぶっ潰さなければならないと思った（田中清玄『田中清玄自伝』文藝春秋）」

田中清玄の政治・思想哲学は「反ソ連・反日本共産党」という転向前と真逆のものである。その点からは、ＣＩＡの協力者となったことも理解できる。

Ｍの話に戻ろう。当日、田中逮捕の数時間後に、田中のアジトを訪ねてきたＭは引き続き張り込み中の特高に逮捕された。特高の毛利基係長は田中清玄検挙で崩壊した共産党の再建の情報をフォローするために、幹部候補クラスの党員を逮捕して、これを二重スパイとして使う構想を持っていた。Ｍこそがそれにピタリと合致したのだ。もちろん、「Ｍが逮捕されたことを他の党員に知られていない」ことが絶対の条件だった。

特高課長に昇進した毛利は、あの手この手でＭを口説いたのだろう。クートベ留学の間に徐々に共産主義に懐疑心を抱き、幻滅を感じるようになったＭにとっても、共産主義を捨てて転向し、さらに特高のスパイになる決意をするに至るまでには心の葛藤があったに違いない。

いずれにせよ、Mは最終的に、二重スパイになることを心に決め、毛利との間で「一種の個人契約」をするに至った。毛利の口説きが功を奏したのとMの共産主義に対する懐疑心が相俟《あいま》って合意に至ったのであろう。この後、姿を消すまでの2年間、Mは毛利との「共産党裏切り作戦（二重スパイ）」を実行することになる。

田中清玄が逮捕されたあとは、ソ連のクートベ帰りの風間丈吉を中心に共産党中央委員会が再建されたが、これを非常時共産党時代（1931年初めから翌年末までの2年足らず）と呼ぶ。党中央委員は風間、岩田義道、宮川寅雄、紺野与次郎の他、何と、特高の二重スパイになったMもその一人だった。毛利課長の思惑通りにシナリオが展開し始めたのだ。

武装共産党時代までは、当局の2度にわたる弾圧（1928年に1600人、翌年は1000人拘束）により共産党の党勢は落ち込んでいたが、非常時共産党時代になると、風間以下の党中央委が「大衆化」方針（入党条件などの緩和）を採ったため党員数は急増し、戦前においては最大の党勢を誇る時期を迎えた。その分、資金調達力も強化され、月3円以上カンパしてくれるシンパが1万人いたので、常に月3万円以上を集めることができたという。また機関紙『赤旗』の発行部数も6、7千部に伸びた。ちなみに、当時の3万円は今の3億円以上に相当する。この時期に、Mは資金担当幹部として「財テク」の手腕を発揮して巨額の党資金を集め、その運用を一手に握り、中央委員会で不動の地位を確立した。共産党においても、「金」を握る者が「力」を得るのだ。

話は変わるが、実は、毛利は、Mの他にもう1人の二重スパイである三船留吉を抱えていた。共産党員の三船は、共産党から指導・援助をもらう「別動隊・下部組織」ともいうべき共産青年同盟所属の活動家だった。三船は、1933年2月20日、東京・赤坂の喫茶店を連絡場所に指定してプロレタリア作家の小林多喜二を呼び寄せた。この直後、多喜二は張り込んでいた特高警察官らにより検挙され、翌日築地警察署内で虐殺されたことから、「小林多喜二を売った男」として知られるようになった。

これに先立つ1931年6月、三船は毛利指導の下、Mとの連係プレーで上海に駐在するコミンテルン国際連絡部要員（東アジア・東南アジア地域との連絡担当）のヌーランとその妻を中国側官憲に逮捕させるという〝快挙〟をやってのけた。三船は上海に渡航し、ヌーラン逮捕に必要な情報を中国官憲に伝える任務を果たした。この時期（満州事変の約3カ月前）、日本の特高当局と中国（国民党政府）の公安当局とは、まだお互いに情報交換できる間柄だった。

特高・毛利の狙いは「共産党とコミンテルン（ソ連）の連絡・資金ルートの遮断」であった。特高はこうやって、コミンテルンから共産党へ流れる資金（月2000円）を遮断した。これに加え、特高は1932年には、共産党を支援する文化団体などのシンパ資金網など様々な資金源に対して攻撃を加えた。このため、M（共産党）の資金繰りはピンチに陥った。

資金面でピンチに陥ると、共産党は、肥大化した党組織を支えるためにMの方針に基づき、金や株券の持ち逃げ、美人局《つつもたせ》などの破廉恥事件はおろか川崎第百銀行大森支店への強盗事件まで行った。興味深いことに、前掲の『スパイM』には、高見順、堀辰雄、太宰治、菊池寛、大宅壮一、林芙美子など有名な作家による資金提供の事実が記されている。

Mが資金担当幹部として君臨した非常時共産党時代は長くは続かなかった。二重スパイのMが毛利と連携して特高を手引きし、1932年10月30日、静岡県田方郡熱海町（現熱海市）で共産党全国会議に全国から集まった党幹部が一斉検挙され（熱海事件）、同時代の幕を下ろした。この経緯については、前掲の『スパイM』にスリリングに描かれている。

熱海事件以後、Mは忽然と姿を消し、死亡するまで逃亡しおおせた。Mは特高から得た〝報奨金〟と銀行強盗で着服した金1万数千円を糧に隠遁を続けた。Mは1965年9月4日に死んだ。遺族が役所に火葬を依頼したところMの本籍地が存在しないことが判明し、許可が出なかった。すったもんだした挙げ句、火葬に付し葬儀は終わったものの、Mの戸籍はないままだった。本当の戸籍が抹消されていないMは、戸籍上は今も生きていることになっている。

今日、日本共産党にとっては党を裏切って党員を権力側・特高に売り渡したMは仇敵であり、一切黙殺される存在だ。Mの例のように、スパイは哀れな末路を辿る者が多い。いずれにせよ、日本国内においても体制側と反体制側は戦前からスパイ合戦を続けているのだ。

第6章

防衛庁・自衛隊へのスパイ活動

——反戦自衛官問題

前述のように、戦前においては国体・体制を守るために特別高等警察が置かれ、治安警察法、出版法、新聞紙法などに基づいて、社会主義運動、労働運動、農民運動などの左翼の政治運動や、右翼の国家主義運動などを取り締まれる体制が出来上がっていた。特別高等警察は反体制勢力の中でも、当時、ソ連のスターリン主導のコミンテルンの指導を受ける日本共産党に対しては格別に断固、苛烈な弾圧をした。

戦前とは対照的に、戦後の自衛隊は、その存在を憲法にさえも明記されず、「軍」として備えるべき軍法なども持たない薄弱な存在だった。そのため、自衛隊を揺さぶり混乱させるなどの目的で第32普通科連隊（市ヶ谷駐屯地）などに潜入したスパイ（新左翼が獲得ないしは潜入させた反戦自衛官）に対しては、断固たる処断もできず、反戦自衛官騒動の舞台となった第32普通科連隊（以下、「32連隊」とする）では反戦自衛官とそれと対抗する〝思想が健全な隊員〟との間で骨肉の争いが繰り広げられた。

自衛隊は反体制派の潜入目標

反戦自衛官以外にも防衛庁（省）・自衛隊に対するスパイ事件が起きた可能性が疑われる。

防衛庁（省）の局長級の要職を歴任したY氏は、退官後は集団的自衛権の行使を可能にすることなどを柱とする安全保障関連法を厳しく批判するなど、まるで共産党と軌を一にするかのような言論を展開している。これについて斯界《いかい》の関係者には「『無防備になれば、攻撃されない』なんて左翼活動家のような主張を、元防衛庁・省キャリア官僚が主張している滑稽さ。防衛官僚としてのY氏の人生は何だったのか？　共産党のスパイとして入省したとしか思えない」と言う向きもある。その真否は分からないが、共産党がそれくらいのことをやるのは至極当然のことのように思われる。

もしもY氏がスパイであったなら、我が国の安全保障に関する機密情報が共産党のみならず、ソ連・ロシアや中国などに長期にわたって漏洩していたことなる。このように防衛省・自衛隊にスパイの潜入を防げない我が国の防諜体制には重大な欠陥がある。

体制防衛の最後の砦――自民党政権にはそのような認識が欠けているが――である自衛隊に共産党、新左翼、オウムなどがスパイを潜り込ませるのは想定内の話だ。これから述べるのは、反戦自衛官事案と呼ばれるもので、私が32連隊の連隊長に就任する直前に、新左翼が同連隊にスパイを潜入させた実話である。

反戦自衛官事案は、紛れもないスパイ・謀略事案である。その黒幕は小西誠元3曹といわれるが、小西の背後のそのまた背後で反戦自衛官たちを使嗾した「究極の黒幕」についてはいまだ明らかにされてはいない。

第32普通科連隊長を拝命

私は、1993年6月に韓国から帰国し、7月1日付で市ヶ谷駐屯地の32連隊の連隊長を拝命した。この人事は、子供達を3年間東京に残して韓国で防衛駐在官として勤務した報償として、親子水入らずで一緒に暮らせるよう配慮してくれたものかもしれない。

当時、32連隊は、山手線の内側に駐屯する唯一の実戦部隊で、連隊の隊員達は自分達の連隊のことを「首都防衛連隊」あるいは「近衛歩兵連隊」と称して誇りにしていた。「近衛歩兵連隊」とは、旧帝国陸軍部隊の中で、天皇と皇居を警衛する近衛師団隷下の歩兵連隊のことで、4個連隊があった。近衛師団は、全国から選抜された優秀な兵によって補充されており、往時、近衛兵になることは大変な名誉であったといわれる。

32連隊の隊員も近衛歩兵連隊に劣らず優秀で、任期制隊員（1任期2年）の知能偏差値は全国連隊の中で最も高く、全国の連隊平均よりも約10ポイントも高いと言われていた。ちなみに、直木賞作家の浅田次郎氏は、若い頃32連隊4中隊の隊員（昭和46年入隊）の1人だった。

このような高い能力を持つ32連隊の隊員は、新たな状況への適応性に富み、訓練の進歩も早く、いわゆる「小回りの利く集団」だった。私は日頃隊員達に敬意を表して「人材の32連隊」と呼ぶこともあった。連隊長の私が、包括的な方針を示せば、細ごまと指導をしなくてもそれぞれの役割を理解し、相互に調整し、積極的にテキパキと行動・処理するという「隊風」が確立されていた。このような隊員達だったからこそ地下鉄サリン事件という未曾有の事態にも見事に対処できたのだと思う。私が連隊長時代に遭遇したこの事件については、拙著『「地下鉄サリン事件」自衛隊戦記』（光人社）に詳しい。

反戦自衛官問題

32連隊の「プラスの側面」について書いたが、実は「マイナスの側面」として「反戦自衛官問題」があった。当時、32連隊が全国的に有名になったのは隊員の中から多数の「反戦自衛官」を出したからであった。

共産党などの左翼勢力が革命を実行する上で、軍隊は大きな障害になる。この障害を乗り越えるためには、軍隊の中に革命分子を送り込むか、兵士を革命陣営に寝返らせることが必要だ。日本の左翼グループも、彼らの考える革命を起こそうとする時、最大・最後の障害となるのは自衛隊であることを強く認識していることだろう。当時、極左グループは自衛隊を弱体化するため、ないしは自衛隊そのものを革命に利用するために、自衛隊員を自陣営に取り込むことを目標にしていたものと思われる。

極左グループは「山手線の内側に唯一ある32連隊」の重要性に目を付け、計画的に隊員の取り込み工作をしてきたものであろう。連隊の隊員達（陸士・陸曹）の中には夜間大学（早稲田大、東京理科大、法政大、東洋大、日大、国士舘大など）や定時制高校への通学者が多数いた。私が連隊長の頃は、これらの夜学生は40～50名程度だったが、1975年頃のピーク時には80～90名ほどもいたという。連隊はこれら夜学生に様々な便宜を与えていた。富士演習場などで連隊統一の訓練を実施する場合には、夜学生のみは訓練終了後一泊の野営をさせることなく、一足先に帰隊させ、通学させるのが習わしだった。また、各中隊には夜学生を指導する担当者を置いて、勉学などの指導をしていた。これらの夜学生が、大学の左翼教授や極左グループなどの影響を受けやすい環境に置かれていたのは事実である。

私が連隊長に着任して以来、連隊本部の担当者は月1回の連隊朝礼のたびに私の隊員向けの訓話をテープに録音し、これを活字に起こしていた。理由はこうだった。反戦自衛官問題が浮上して以来、歴代連隊長が朝礼で話した内容は、夕刻には反戦自衛官機関紙の「不屈の旗」に掲載されたそうだ。これが法廷闘争などで使われる恐れがあるというので、連隊側も記録を残していたのだった。

着任後、隊員達の話を聞いているうちに、連隊から反戦自衛官を多数出したことが、彼らの心に暗い影を落としているように感じられた。私は、部下隊員達を前にして話す時、かつて同じ連隊の戦友でもあった反戦自衛官のことをどうコメントしたらよいのか迷った。部下隊員達にとって、反戦自衛官達は起居を共にし、同じ釜の飯を食った仲間で、当時も都内のパチンコ店などで偶然に会い、話を交わすこともあるという。

「罪を憎んで人を憎まず」という言葉がある。私は、これに習ってこう語るのを常とした。

「彼等（反戦自衛官）は、かつては君達の戦友であり、頭も良く、正義感に富み、純粋で立派な人間だったのだろう。そんな彼らだが、悲しいことに、極左グループから誤った思想を吹き込まれて、これを一途に信じるようになってしまった。反戦自衛官達は人間としては立派だったに違いないが、その誤った思想が彼らを狂わせたのだと思う。彼らの背後には、共産革命により日本のすべてをぶち壊し、乗っ取ろうとする〝本当の黒幕〟がいるのだ。『人民を解放し、平等な社会を作る』などと人々を騙すこいつらこそが本当の〝悪魔〟だ。反戦自衛官たちは、それに操られたかわいそうな〝犠牲者〟なのだ。君たちの前途ある〝戦友〟の将来を台無しにした〝悪魔〟こそが真に憎むべき敵なのだ」

私は、本心からそう思っていた。今もそうだ。

「全能の神」から見れば、不完全だらけの人間が、イデオロギーの真否・善悪を簡単に評価できるはずがない。私も子供の頃、そのことを自覚する出来事があった。小学校5年生の時、先生から共産主義について話を聞いた。いわく「貧乏人を救う思想だ」と。私はすっかり感動し、「大人になったら、きっと共産党に入ろう」と思った。家に帰って夕食時にそのことを話したら、その場が凍りついたようになり、祖父がまるで祟《たた》りでも恐れるかのような表情で「それは絶対にダメだ。共産党に入ろうものなら、世間の爪弾《つまはじ》きになるぞ。これだけは、爺ちゃんの言う通りにしろ」とたしなめられた。祖父に続き、父も母も祖母も共産党に対する悪罵を口にした。私は、家族の反対理由がよく理解できなかったが、ただ、共産主義は「〝祟り〟をもたらす」のだと理解した。

その後、私はイデオロギーのことなど深くも考えずに、主として経済的な理由で防衛大学校に入り、その結果〝体制側〟の人間となった。もし自衛官にならずに教員にでもなっていれば、血の気の多い私は、日教組に入り、筋金入りの社会党員や共産党員になっていたことだろう。このように、人がイデオロギーに巡り合うのは、偶然の所産ではないかと思う。いろいろな思想を勉強し、比較して選択するというよりも、偶然、何らかのきっかけでイデオロギーに出合い、そして、のめり込む。その結果、体制側あるいは反体制側に組み込まれ、体制側と反体制側に分かれ、互いに憎しみ合い、相争うようになるのだろう。

反戦自衛官と戦った清水剛1尉

反戦自衛官と終始全力で闘った幹部自衛官がいる。その幹部こそ、私が連隊長当時、3科（作戦・運用担当の幕僚組織）の運用幹部だった清水剛1尉だ。1956年8月に茨城県常陸太田市に生まれた。故梶山静六元衆議院議員の甥にあたる。清水1尉は1975年3月に太田第一高等学校卒業後自衛隊に入隊し、埼玉県の朝霞駐屯地にある新隊員教育隊修了後32連隊に配置され、幹部にまで昇進した。

清水1尉は、自衛隊員として東洋大学（夜間）に学ぶ傍ら、柔道に励み、モスクワオリンピックでは中量級の補欠になるほどの技を極めた。また、自衛隊内では〝お家芸〟ともいうべき銃剣道で練達の境地を極め、全日本銃剣道大会に32連隊の代表選手として出場し、団体・個人戦で5度も優勝したほどの猛者だった。清水1尉の人となりについて言えば、情誼に厚く正義感の強い熱血漢だ。しかし、彼は単純な熱血漢ではなく、武道で練磨した試合における駆け引きを対人関係においても遺憾なく応用できる柔軟性・懐の深さがあり、強力なリーダシップの持ち主だった。私が連隊長当時、若い隊員の間では断トツで人望のある幹部だった。彼の存在なくして反戦自衛官との闘争は叶わなかったであろう。以下の話は、連隊長当時、清水1尉から聞いた話である。

なお、清水1尉はその後、防衛大学校教官・指導官、普通科教導連隊中隊長、少年工科学校教育隊長などを歴任し、２０１１年8月、自衛隊神奈川地方協力本部川崎出張所長（2佐）を最後に定年退官した。

清水1尉が語る反戦自衛官事件

私は32連隊生え抜きの幹部として、福山連隊長に32連隊の悲劇の歴史――戦友間の骨肉の争い――について直接お話ししたい。私が反戦自衛艦と戦ったのは3尉になりたての頃でした。陸上自衛隊の歴史において、自衛隊内に反戦自衛官が存在し、隊内で公然と反戦ビラ等を配布・掲示するとともに長期間にわたり隊内で反戦自衛官獲得工作を続けた事例は当連隊の他にはないと思います。憲法上自衛隊の存在そのものが不明確な上に、思想信条の自由をうたう憲法の下、自衛官の思想信条を規定する根拠もない中で、防衛庁・自衛隊は新左翼・反戦自衛官と〝弾を撃たない静かな闘争〟を繰り広げました。この闘争は、本質的には冷戦下に於ける東西（米ソ）対決の構図の中に含まれる一種の「代理戦争」だったのではないかと思います。

私は、この闘争の中で、本来〝戦友〟であるべきはずの同じ連隊の仲間隊員――反戦自衛官――

全日本銃剣道大会で5度の優勝を果たした清水氏。

と、いわば骨肉の争いをする矢面に身を置きました。この苦しみ、悲しみは、当事者でなければ分からないものです。

私に人間教育をしてくれた作間3曹と4中隊に対する愛着

私は、1975年に陸上自衛隊に入隊し、新隊員教育終了後、2等陸士として市ヶ谷駐屯地にある32連隊第4中隊に配置されました。陸曹、次いで幹部に昇任し、1993(平成5)年富士学校(陸自教育機関)の幹部上級課程を卒業して連隊本部・3科の運用訓練幹部に就任するまでの18年間、同中隊で育ててもらいました。

自慢めいて恐縮ですが、私は、銃剣道では全日本選手権大会で団体・個人戦を合わせると、5回優勝しました。在任当時、4中隊は5大戦技(銃剣道、射撃、持続走、炊事、戦闘射撃)を制覇し、中でも銃剣道は1991(平成3)年に4中隊がスケルトン編制(武器や施設を維持管理できる最低限の人員で編制)になるまでの8年間は負け知らずの最強中隊でした。特に陸曹の銃剣道のレベルは高く、4中隊の代表選手になれない隊員が師団大会の連隊代表選手になれるほどでした。全日本選手権大会出場の連隊代表5名中4名が4中隊所属でした。後で述べますが、このように精強な4中隊が〝反戦自衛官の巣窟〟になろうとは!　当時の私には想像すらできないことでした。

私にとって、このような精強4中隊に所属していることが誇りでした。このように、隊員が自分の所属部隊を誇りに思うことこそが、陸上自衛隊を精強化する基だと思います。これは、会社でも学校でも同じだと思います。

こんな精強4中隊も、実は、私が配置された1975（昭和50）年頃はあまりパッとしない中隊でした。当時、連隊の各中隊の特徴・性格を表す綽名《あだな》として、「鬼の1中隊」「娯楽の2中隊」「やる気の3中隊」と呼ばれる中で、我が中隊は何と「どうでもいい4中隊」と冴えない綽名を頂戴し揶揄されていました。

自分の中隊を誇りに思わない所属隊員がいるわけがありません。新隊員教育終了後、4中隊に配置された私は「どうでもいい4中隊」という綽名を知って憤慨しました。ところが、当時、中隊の先輩達はあまり気にしていない様子でした。私は「どうでもいい4中隊」を恥ともしない先輩達に怒りを感じました。私が中隊配属になった年の中隊対抗銃剣道大会（階級枠指定で各中隊代表15人での勝負）では、6個中隊（普通科4個中隊、重迫撃砲中隊、本部管理中隊）の中で第5位でした。ちなみに、優勝した3中隊との対戦成績は3勝12敗と惨敗を喫しました。

「どうでもいい4中隊」に慣れてしまった大多数の隊員の中で、それを変革しようとする一際

32連隊銃剣道大会で試合中の清水氏。

目立つ若手の陸曹がいました。それが作間3曹でした。彼は１９６９（昭和44）年の入隊で、銃剣道や徒手格闘などの戦技能力に優れ、レンジャー隊員でもありました。作間3曹は4中隊のふがいなさを嘆き、日頃から「中隊を変えてやる」と広言して憚《はばか》りませんでした。また、私に対しては「清水、俺に付いてこい。必ず4中隊を常勝中隊にしてみせる」と口癖のように言っていました。

このような作間3曹の意気に感じた私、清水2士は、中隊に配属以来、作間3曹の銃剣道の猛特訓に死に物狂いで付いていきました。作間3曹の特訓は尋常ではありませんでした。私は、毎朝、7時半開始の間稽古《まげいこ》（8時半の勤務開始以前の自発的な訓練）から作間3曹に稽古をつけてもらうのが日課でした。その後、課業開始後もぶっ通しの特訓に耐え、面を脱するのが夕方の4時半でした。実に約9時間にわたり、昼飯抜きで稽古に励んだこともあります。富士の演習場での戦闘訓練終了後も手抜きはしませんでした。市ヶ谷駐屯地に戻り車や銃などの整備が終了すると「清水、稽古するぞ」と言われました。他の隊員達が整備を終え、早々に帰宅・外出するのを尻目に、銃剣道の稽古に励みました。しかも、稽古は夜まで続くこともしばしばでした。作間3曹の指導は徹底していました。夜中に起こされ、「何事ですか」と尋ねると、「俺は眠れない。一緒に稽古しよう」と言われ、朝まで稽古したこともありました。そんな私達を評価してくれる者もいましたが、我が4中隊のみならず他の中隊の隊員の中には私達のことを「キ○○○（差別用語）」呼ばわりする者もいました。

このようなわけで、私が、銃剣道で腕を上げたのは、ひとえに作間3曹のおかげです。のちに私が全日本選手権で優勝した時には、作間3曹は我がことのように喜んでくれました。残念なことに、作間3曹自身は、全日本銃剣道選手権大会の個人戦ではベスト8が最高でありました。

作間3曹は厳しかった反面、よく面倒も見てくれました。いつも腹を空かしていた私に「俺の家に来い」と誘ってくれ、若くて美しい奥様の手料理を振る舞ってくれました。故郷の茨城を離れ、隊内に居住していた私には、家庭料理はこの上もなくありがたく思いました。作間ご夫妻には今も心から感謝しています。こんな夫婦の姿を見て「よし、俺も結婚したら、後輩隊員を自宅に呼んでやろう」と、心に決めたのでした。

余談ですが、私が結婚するに際し、家内にお願いした条件の一つが「我が家に人がいっぱい来てくれる家庭をつくること」でした。家内は約束通り、私が招いたお客様を心から歓迎してくれました。結婚後の自衛隊生活では、隊員が、また防衛大の指導教官時代には学生などが千客万来の状態で「団結会」と銘打った酒盛りは絶えることがありませんでした。

いずれにせよ、作間3曹は私に人間教育をし、「強い男」にしてくれた恩人です。作間3曹の鬼のような教育・鍛錬がなければ、私は反戦自衛官と闘うこともできなかったと思います。

反戦自衛官と闘うグループ「剣士会」の誕生

私は、作間3曹の指導の下、「必ず常勝4中隊にする」との合言葉の下に、後輩隊員達を厳しく鍛え、育てました。そんな中、1978（昭和53）年に、4中隊に銃剣道の選手を中心に「剣士会」が発足しました。その規約には、「銃剣道が得意でなくてもヤル気のある隊員は会員にする」という条項があり、銃剣道以外の射撃や持続走、徒手格闘（柔道、空手、合気道、日本拳法などを取り入れた陸上自衛隊の近接戦闘技）の得意な隊員も加わりました。これ以降、中隊の優秀隊員が「剣士会」に入り、以後「剣士会」が4中隊を牽引していくこととなりました。反戦自衛官との闘いにおいて、「剣士会」の存在は大きいものでした。「剣士会」がなかったならば、反戦自衛官との闘いは私1人ではとても手に負えるものではなかったと思います。

4中隊は作間3曹の言葉通り強くなっていきました。銃剣道のみならず、他の戦技でもどんどん強くなりました。そうなってくると中隊の雰囲気も上り調子になり、演習に行ってもバリバリ頑張る中隊となっていきました。当然ながら、我々のような〝暴れん坊隊員〟を導いてくれた歴代中隊長の統率が素晴らしかったことは言うまでもありません。

そんな作間3曹は、32連隊の訓練に飽き足らずに、陸自最精強とうたわれる習志野の空挺団に1981（昭和56）年に転属しました。転属時の私に対する言葉が「清水、あとは頼んだぞ！」でした。転属後、空挺団でも銃剣道、徒手格闘の選手・教官として活躍し、空挺団を何度も日本一に導きました。また、不幸にして起こった1985（昭和60）年8月12日の日航ジャンボ機墜落事故では、奇跡的に生き残った川上慶子さんを抱きかかえ、ヘリに吊り上げて救助したのが作間2曹（当時）です。この様子は、テレビで放映され、多くの国民の感動を呼びました。

ちなみに、4中隊が破竹の勢いで伸びていった時期に、反戦自衛官のS3曹は持続走で、またK2曹は射撃で、中隊の精強化に寄与したのは紛れもない事実です。

（筆者注：作間氏は２０１６（平成28）年5月に、くも膜下出血で亡くなられた。清水氏は肉親を亡くされたほどに悲嘆に暮れていた）

反戦自衛官の始まり――小西誠元3等空曹の逮捕

まず、反戦自衛官の歴史について簡単に申し上げます。小西誠元3等空曹は、１９４９年、宮崎県串間市に生まれ、中学卒業後、航空自衛隊生徒第10期生として入隊し、修了後は佐渡分屯基地（レーダーサイト）に配属されました（１９６８年3等空曹に昇任）。同基地在隊中に法政大学法学部通信課程に通い、当時の全共闘と交流し、思想的影響を受けたといわれます。そして、自らも自衛隊内での「民主化行動」を実行することを決意したそうです。70年安保闘争を前にして、自衛隊の治安出動訓練が開始されると、彼は同訓練開始に反対して、佐渡分屯基地内に大量の反戦ビラを張り出すとともに、１９６９年10月、全隊員の前で治安出動訓練の反対を表明するとともに同訓練を拒否し、逮捕されました。

１９６９年11月、小西は「政府の活動能率を低下させるサボタージュを煽動した」として、自衛隊法第64条違反（煽動罪）で起訴されました。１９７０年7月から新潟地方裁判所で裁判が開始され、戦後初の自衛官の政治裁判として注目されました。この裁判には、全国から１０

0人を超える弁護団が編成され、特別弁護人として憲法学者の江橋崇、星野安三郎、軍事評論家の藤井治夫、剣持一巳らが加わるなどして、自衛隊・自衛隊法の違憲性を問う憲法裁判となりました。

しかし、新潟地裁は、1975年、「検察側の証明不十分」との理由で無罪とし、憲法判断を回避する判決を下しました。東京高等裁判所で行われた控訴審では審理不十分として新潟地裁に差し戻しましたが、その差し戻し審では1981年、「小西の行為は言論の自由の範囲内」として、再び憲法判断を回避した無罪判決となりました。検察側は控訴せず、無罪判決は確定しました。

32連隊における反戦自衛官問題の始まり

次に、32連隊における反戦自衛官問題について申し上げます。小西は、自ら引き起こした事案などを総括し、首都から遠い新潟県や九州・北海道等の遠隔地において現職自衛官が反戦運動をしたところで、マスコミなどに大した影響力はないと判断したのではないかと思います。そこで小西は、山手線内に唯一存在する実戦連隊である32連隊に着目したのではないでしょうか。もちろん、第45普通科連隊（京都府・大久保駐屯地）や富士教導団偵察教導隊（静岡県・

富士駐屯地）など、他の部隊・駐屯地からも反戦自衛官は出ましたが、32連隊に集中していたのは事実です。

小西は、32連隊に対して、彼の思想を吹き込んだ若者を入隊（潜入）させ、32連隊の夜学に通う隊員などをシンパとして獲得し組織化する策謀を秘密裏に着々と実行したのでしょう。その成果として、次のような事案が次々に起こりました。

1人目は、小西事件の2年後の1971年、32連隊1中隊の与那嶺2士が「反戦ビラ」を中隊内で配布する等の行為により懲戒免職となりました。

2人目は、4中隊所属の戸坂士長の事件です。1975年11月には、32連隊4中隊の森田中隊長が朝礼・終礼時に話した内容が直後に〝市ヶ谷兵士委員会〟の機関紙の「不屈の旗」に載るようになりました。この情報漏洩源が戸坂士長だったのです。戸坂士長は退職することになりましたが、「自分は『不屈の旗』の編集に関わったとして依願退職を強要された」と主張し、提訴しました。1989年、東京地裁において「退職承認処分取り消し」の確定判決が下されました。彼は岩手県の名門水沢高校から法政大学に進み、そこで小西と知り合い、隊内工作のために自衛隊に入隊（潜入）したものと思われます。

戸坂士長は「退職承認処分取り消し」となっても、復職することはありませんでした。戸坂士長の背後にいる黒幕――小西を使嗾《しそう》している陣営――は、戸坂士長を使って「戦力の不保持」を規定した憲法9条に自衛隊が違反するか否かを巡って争うことが目的で、戸坂士長の「退職承認処分取り消し」などはどうでもよいことだったのではないかと思います。

不思議な巡り合わせというべきか、新隊員教育課程を終えた私は、1975年9月、戸坂士長と同じ4中隊所属となり、爾来《じらい》、直接・間接に反戦自衛官事件と関わることとなりました。あとで分かったことですが、悔しいことに、当時夜間大学・高校に通学していた隊員達は、私も含めことごとく反戦自衛官ではないかとの疑いを持たれていたのです。

3人目は、私と同じ4中隊所属の町田士長です。彼は1977年12月、帰隊遅延やバイクでのスピード違反を犯したなどの理由で再任用を拒否され、翌年1月下旬に2任期（4年）満了で退職を余儀なくされました。陸士（2士・1士・士長）は2年ごとに再任用されることになっており、再任用が認められない場合は除隊となります。町田士長は、これを不服として、再任用拒否処分の取り消しを求め提訴しましたが、最終的には1983年に東京高裁で却下されました。

町田士長が退職した翌日の読売新聞1面に「市ヶ谷の反乱」と題して町田事案が大々的に報道されました。

町田士長と私の関わりについてお話しします。当時4中隊には陸士隊員相互の親睦を目的として「陸士会」（前述）がありました。当然のことですが町田士長も「陸士会」の一員でした。再任用を拒否された町田士長は「陸士会」の開催を呼びかけ、その場で「不寝番に酔っぱらって立てなかったことを理由に退職を強要されている。助けてほしい」と嘆願しました。町田士長に同情した私を含む「陸士会」参加の隊員23名は、全会一致で、当時の山下中隊長に対して「確かに不寝番をサボったことは悪い。しかしそれで退職させるのはおかしい。説明を！」を、と迫りました。我々陸士隊員は、町田士長が反戦自衛官であることなどは全く知りませんでした。だから、町田士長の「不寝番に就かなかったという理由だけで辞めさせられる！」という悲痛な訴えに同情したのでした。読売新聞が報じた「町田士長に同調した23名の陸士が後に続く」とか、「不屈の旗」に掲載された記事の内容――「町田士長に同調し『陸士会』隊員が、山下中隊長を叱責」等――は、全く事実と異なるものでした。我々「陸士会」メンバーは、新聞を読んで、町田士長・反戦自衛官グループの策謀にはまり、まんまと利用されたことを知り、憤慨しました。

この事件の前後から、隊内居住の陸士隊員に「不屈の旗」が郵送されてくるようになりました。この機関紙の差出人名は故郷の親父であり、受けた隊員は「何事か」と開けてみると「不屈の旗」というわけでした。「故郷の親父を名乗るとは許せない」と、当時の陸士隊員が腹を立てたのは当たり前でしょう。このような郵便物は、自発的に幹部室に持って行って幹部立会の下に内容を確認し、破棄しました。ところが、反戦自衛官グループはこのことを「強制的な破棄」と主張しました。

反戦自衛官と闘うことを決意

私が反戦自衛官と闘うことを決意した経緯について話します。1988年2月初旬、富士学校の幹部初級課程の卒業間近の頃、第13代中隊長の川脇辰巳中隊長が激励に来てくれました。そして、中隊長から意外な話を聞きました。前年の暮れに陸曹・幹部を集めて、異動（転属）に関する中隊長の方針――「古い順に出す」――を示したところ、S2曹（日大卒）、K2曹（東洋大卒）、E、Shらが中隊長室に詰めかけ「准陸尉及び陸曹の人事管理の基準に関する達」を根拠に、「『充足管理対象駐屯地』である市ヶ谷に配置された隊員は、6年の充足管理期間を過ぎれば自ら希望できる部隊等に転属できるはずだ」、と川脇中隊長に迫ったというのです。

私と親しい松永2曹や岡部2曹からの手紙によれば、その後S2曹とK2曹は4中隊の陸曹・陸士に対し「中隊長に転属させられる！」と触れ回り、中隊長の悪口を言いふらしているということでした。手紙には、「4中隊が大変なことになっている。清水3尉早く帰ってきてください」とも書いてありました。

4中隊において戦技（戦闘の基本技術）の監督は、持続走はS2曹、射撃はK2曹、銃剣道は自分（清水）が担当していました。こんなわけで、S2曹とK2曹両名ともそれぞれ中隊においては一定の影響力があり、彼らを慕う隊員もいました。

その両名が騒ぎ立てるため、他の陸曹・陸士も「中隊長は何を考えているんだ？」等の不信感さえ出始めていたそうです。前述のように、S2曹やK2曹らが川脇中隊長に抗議した際にも、中隊所属陸曹の半分くらいは「中隊長はおかしい」とS2曹やK2曹に同調したそうです。これに対して、松永2曹や岡部2曹は「中隊長が『こうする』と言われるんだから従うべきだ。『人事管理の基準に関する達』がどうのこうのと言うべきではない」とS2曹やK2曹の主張に反論したそうです。

このような経緯で、4中隊は私が不在の間に、転属拒否を主張するS2曹とK2曹の反戦自衛官に同調するグループと、あくまで中隊長の方針を支持する松永2曹と岡部2曹のグループ（「剣士会」が主体）に分裂しつつあったそうです。

このことについて、川脇中隊長は現状を詳細に話してくれました。その中に、S2曹とK2

曹の他にEとShまでもが沖縄反戦デー等にマスクと帽子で顔を隠して参加していたことを聞き及び、驚きました。中隊長は、「清水、俺に命を預けてくれ」と頭を下げました。私は、S2曹とK2曹が反戦自衛官であることは薄々気付いていましたが、EとShまでも感化されていようとは、「意外、残念！」という思いでありました。

私は、中隊長との別れ際に「当面の急務として、何も事情が分からないままS2曹、K2曹側に付いている健全（反戦自衛官に影響されていない）で純粋な隊員を中隊長側に引き戻さねばならないと思います。もうすぐ富士学校の教育を終えて4中隊に帰りますから、それまで頑張っていてください」と申し上げた。この時から私と反戦自衛官との闘いが始まったのです。

あとから振り返ると、反戦自衛官は全自衛隊の中でも山手線の内側にある32連隊に目を付け、さらに我が4中隊を選んで攻撃の的を絞っていたのです。つまり、4中隊が日本の国家体制側と新左翼・左翼勢力の「戦場」となったのです。大げさに言えば、4中隊こそが日本の国家体制を巡る攻防の「203高地」ないしは「天王山」のような場所になったのです。さらに、3等陸尉（少尉）の私が、そのイデオロギー戦争の場で、国家体制側の「尖兵の役割」を担うことになるのです。何という運命の巡り合わせだったのでしょう。

しかし、その「尖兵」という「大任」は、私にとっては極めて皮肉な役目でした。なぜなら、ずっと後になって分かったことですが、驚くべきことに、私自身が陸士時代には「清水も反戦自衛官なのでは？」と疑われていたというのです。このことは、私が定年（２０１１年）直前に、元上司の松川氏（私が陸曹候補生になった頃の連隊長）と田代氏（陸曹候補生に指定してくれた中隊長）から聞いた話です。私は反戦自衛官どころか、真逆に三島由紀夫に憧れ「楯の会」に入ろうとまで思い詰めたほどでした。元上司２人によれば、そんな私が、「大学卒」という資格で、一般幹部候補生を受験した際には、１次試験（学科試験）には合格したものの、２次試験で不合格にされたのは反戦自衛官の疑いをかけられたからだというのです。その事実を告げられた時は、本等にショックでした。

反戦自衛官の嫌疑をかけられた私自身がそのことも知らずに、４中隊の大先輩でもある反戦自衛官のＳ２曹、Ｋ２曹と闘うはめになろうとは、なんと皮肉なことでしょう。

反戦自衛官Ｓ２曹、Ｋ２曹との闘い

１９８８年３月初旬、富士学校の教育を終えた私は、４中隊に戻りました。同年４月のある日、私は反戦自衛官のＳ２曹とＫ２曹を除く中隊の陸曹を教場に集め、中核派と反戦自衛官の歴史等について話しました。私は大学で「マルクス主義」を卒論のテーマとしたので、共産主義の理想と現実などについてはある程度勉強していました。私は、中隊の陸曹達に「S2曹とK2曹が反戦自衛官の首謀者だ」とまで言い切りました。当然のことですが、川脇中隊長には事前に講義内容を報告し、了解を得ていました。

中隊の陸曹達は私の話を聞いて驚いた様子でした。彼らは、それまでS2曹とK2曹の方を信用し、川脇中隊長に対して不信感を抱いて反発していましたが、私の教育を機に、自分達の不明を恥じ、皆で中隊長に詫びました。この日を境に、私を中心とする「剣士会」仲間が一致団結して、反戦自衛官と戦うこととなりました。

一方、これに対して、S2曹とK2曹に与《くみ》する隊員達が、私の4中隊復帰を快く思わないのは当然のことでした。「何で清水は富士学校を卒業後も、転属もせず4中隊に帰ってきたんだ」などと、攻撃の矛先を私はじめ「剣士会」に向けるようになりました。

我々「剣士会」は、頻繁に飲み会等を催し、反戦自衛官一派への対処要領などを話し合いました。反戦自衛官の機関紙である「不屈の旗」の報道内容は、この頃から彦坂連隊長、川脇中隊長とその後任の渥美中隊長に加え、「剣士会」の中心人物である清水（私）に集中し始めました。

反戦自衛官の筆頭であるＳ２曹は、１９７２年入隊の隊員で、日本大学を卒業してから入隊したため年を食っていました。持続走では、ある時期中隊の練成を任されていましたが、素行にはかなり問題がありました。自衛隊の営内に居住する隊員は酒類を持ち込んではならないとの決まりがありましたが、Ｓ２曹は自分の営内班に酒を持ち込み、後輩隊員を集めて公然と酒を飲ませるのでした。今思えば、よくも処罰されなかったものだと思います。Ｓ２曹は自分が外出して帰ってきた時、あるいは隊内倶楽部で飲んできた時など、消灯後廊下を駆け回ったり、他の営内班に入って行って寝ている隊員を起こしたりして、大騒ぎすることがありました。また、泥酔したＳ２曹は、何を思ったのか突然バケツで水を何杯も頭からかぶり、挙げ句の果てに廊下に水を放水しました。当然その後始末は後輩隊員につけが回ってきました。

そんなＳ２曹から、陸士であった当時の私は、何回か飲みに行こうと誘われたことがありました。彼はよく「自衛隊を変えなければならない。幹部なんかいらない。階級のない何でも言い合える軍隊でなくてはならない」などと主張しました。彼は、「清水、今度俺の知っている人に会ってくれ。な、な」と何度も誘い、具体的な日程まで指定したことがありました。どちらかと言えば右寄りの思想を持っていた私は「やっぱりこの人はおかしい」と直感し、その後自然にＳ２曹とは距離を置くようになりました。今にして思えば、私に引き会わせようとした相手は、反戦自衛官の小西氏か中核派の幹部だったのではないかと思います。

Ｓ２曹の素行の悪さは一向に収まらず、陸曹になってからも営内での飲酒は続きました。営内班で酒を飲ませていたのが持久走グループ後輩のＳｈ、Ｅ、Ｃ、Ｋｕらでした。率直に言えば、私はＳ２曹が嫌いでした。当然、Ｓ２曹も自分に靡《なび》いてこない私を生意気だと思い、嫌うようになっていったのだと思います。

次に、Ｋ２曹ですが、彼は東洋大学出身であり、私の先輩に当たります。Ｋ２曹もまた変わった男でした。陸士当時、私とＫ２曹とは同じ営内第７班に所属したことがありました。彼が、10名くらいの１個営内班を束ねる「部屋長」の時の話ですが、清掃の時、他の「部屋長」はほとんど何もしません。ところが、Ｋ２曹は自ら率先して茶碗洗いをしていました。茶碗洗いは部屋の最下級隊員がやるのが通例でした。新兵が申し訳なさそうに「私がやります」と言うと「いいんだよ。気が付いた奴がやればいいんだ」と優しく応じていました。またタバコを吸おうとする先輩隊員が近くに煙缶（灰皿）がないので、後輩に「煙缶取ってくれ」と頼むと、Ｋ２曹は形相を変えて「自分で取れ！」と怒鳴りつけるのでした。このような例は枚挙に暇がありません。

また、幹部が陸曹や陸士を指導することにはことのほか反発しました。他にもこんなことがありました。演習に行けば、中隊長以下各小隊長（幹部自衛官）には伝令（飯を運んだり身の回りを世話する任務）が付きます。K2曹はこの伝令任務をことのほか嫌いました。事あるごとに「自分のことは自分でやればいいんだ」と形相を変えて批難するのでした。今にして思えば、彼は、自衛隊の既存の体制を打破し、彼らのイデオロギー（夢）に基づく階級のない軍隊の構築を目指していたのかもしれません。とはいえ、現実には中国もロシアも北朝鮮も軍の階級格差は自衛隊以上に厳しいのは明らかなのですが。

一方で、K2曹は、自分に対してはことのほか甘い男でした。自衛官は、年次休暇を年間24日与えられることになっていますが、年度末（3月31日）の時点で、30日以上の休暇があると、翌年度に持ち越すことが出来ず、切り捨てられます。ほとんどの隊員は年次休暇どころか代休もたまっていて（平均10～15日保有）、代休消化の方が先になるので、年次休暇を24日も取るのは事実上不可能でした。ところが、K2曹だけは例外で、中隊がどんなに忙しくとも自分が持っている年次休暇の権利は完全に消化しました。4中隊の隊員の間では、K2曹について「理屈っぽくて、自分のことしか考えない変わり者」との評判が定着していました。私にとってK2曹は大学の先輩ではありましたが、S2曹同様、自分のことしか考えないので嫌いでした。

結果から言えば、4中隊の反戦自衛官であるS2曹とK2曹は、1989年3月に転属命令違反（正当な理由のない欠勤）により懲戒免職処分となりました。そこに至る経緯は次の通りです。

1988年10月、4中隊長の渥美3佐は隊員に対して「組織活性化のため、中隊所属期間が長い者から転属させる」と明言しました。そして、10月下旬から中隊長直々に中隊の陸曹全員に面接を実施しました。

11月初旬、中隊長はS2曹に対し習志野駐屯地自衛隊業務隊への異動を打診しました。本来なら北海道等の遠隔地への話もあったのですが、S2曹が結婚間もなく、かつ奥様の具合が良くないとの理由で、東京近郊の習志野駐屯地への異動ということでした。しかしS2曹はこれを断りました。一方、K2曹に対しては、北海道東千歳駐屯地の第11連隊への転属を打診しましたが、彼はこれを拒否しました。

12月初旬、S2曹とK2曹は「転属に関する意見書」を渥美中隊長に提出し、中隊長を批判しました。渥美中隊長は「中隊長を批判するのは自衛隊法46条『隊員としてふさわしくない行為』に当たる」と注意しました。そして、のちには「2人以上の団体を組んで話をするのは、争議行為である」として、S2曹とK2曹2人同時の面談は拒否しました。

この頃から課業終了と同時に「不屈の旗」が連隊近くの左内坂で、通学・外出隊員、自衛隊官舎の奥さん達等に頻繁に配られ始めましたが、その内容は、彦坂連隊長、「剣士会」の清水3尉と渥美中隊長・楠本副中隊長等を糾弾する内容がほとんどでした。

S2曹とK2曹は、その後も何度となく転属に関し渥美中隊長に面談を申し入れましたが、中隊長はこれを拒否しました。1989年2月1日、中隊長は自室にS2曹とK2曹を呼び、3月16日付でS2曹は習志野駐屯地業務隊に、K2曹は北海道の第11連隊への異動内示を示達しました。S2曹とK2曹の2人は、当然のように内示を受領せずに断りました。

この頃になると彼らは中隊長や私との会話の際は、必ずポケットにカセットテープを忍ばせ録音していました。のちに裁判になったときの資料にするためだったのでしょう。2人は2月下旬「内示取り消しと異動の執行停止」を求め提訴し、その後、東京地方裁判所記者クラブにおいて日弁連の遠藤弁護士らと制服姿で記者会見を行いました。記者会見の模様は、新聞、テレビ、雑誌などで大々的に報じられました。

この頃になると2人は、反戦自衛官であることを公然と隊内外でアピールするようになりました。制服を無断で持ち出すことは禁じられているにもかかわらず、無断で持ち出したことを注意されると「自衛官が公の場で制服を着用するのは当然だ」と開き直る始末でした。その後もテレビや新聞などマスコミに積極的に出演するなど、自衛官としては前代未聞の振る舞いを続けました。この間、2人は、部隊を欠勤する際に、正規の申請手続きをしませんでした。S2曹の場合は、当日になって、電話で一方的に休暇申請を済ませるというやり方でした。

2月24日、自衛隊は大喪の礼に全面的に参加しました。我が32連隊は、本来ならば皇居に最も近くに存在する〝近衛連隊〟として、全面的に大喪の礼に参加するはずでしたが、反戦自衛官問題のためか、任務は一切与えられず、〝営内待機〟（全隊員が部隊に泊まり込む）を命じられました。正午に黙祷が捧げられましたが、S2曹とK2曹などは黙祷どころか、静粛であるべき中隊内を大声で喚《わめ》きながら歩き回っていました。私がK2曹に「貴様ふざけるな！　昔の武士は憎き敵でさえも亡くなったときは手を合わせたものだ。ましてや天皇は日本国の象徴だ。貴様らは非国民だ」と叱りつけました。これに対してK2曹は「非国民呼ばわりされて、誇りに感じる」と言い切ったのです。あろうことか「先の大戦の本当の戦争犯罪の張本人は天皇ヒロヒトである。その犯罪人が死んだことになぜ手を合わせる必要があるか」と反論してきました。

S2曹とK2曹の異常な振る舞いは続きました。月曜日から演習が組まれているにもかかわらず、S2曹は出勤してきませんでした。中隊は、朝礼後に演習に出発する慣例でしたが、出発直前の8時20分頃になって、電話で「今日は休みます」と休暇を申請してくる事態が何度か続きました。演習のための編制をし、訓練計画をしている中隊・小隊はたまったものではありません。S2曹に注意すると「休暇を取る権利がある」と言って、全く悪びれた様子も見せません。権利を主張できるのは、やるべき義務を果たしてから、というのが世間の常識だと思いますが、これが彼らには通じませんでした。

また朝礼・終礼時の国旗掲揚・降下の際も、他の隊員達は厳粛に国旗に敬礼を行っているのに、S2曹とK2曹は平気で私語を交わしているという有り様でした。「こんな2人を普通の隊員として扱えというのか?」と、私の心の中には大きな疑問が渦巻いていました。

3月16日に異動命令が発令されましたが、S2曹とK2曹は受理せず、その後も市ヶ谷駐屯地に出勤してきました。これに対して、営門では2人の入門を拒否する日々が続きました。

転属命令を無視した2人は、3月26日の三里塚全国集会デモに制服姿で参加し、マスコミにアピールしようとしている様子でした。その後、転属指定日当日になっても出勤しないS2曹とK2曹に対し、転属先の習志野駐屯地業務隊と第11連隊からそれぞれ人事担当幹部が4中隊を訪れ、説得を試みましたが聞き入れませんでした。結局2人は、4月下旬に「正当な理由のない欠勤」で懲戒免職処分となりました。2人の出処進退は、小西とその背後にいる黒幕が書いたシナリオ通りだったのではないかと思います。

反戦自衛官Sh3曹との闘い

反戦自衛官のShは1982（昭和57）年3月に入隊した隊員であり、同年9月に4中隊配置され、迫撃砲小隊副砲手として勤務しました。当時は、私も迫撃砲分隊長・前進観測陸曹でした。彼は、おとなしい性格ですが、やる気のある隊員でした。当初、銃剣道の連隊合宿に参加させましたが、思うように伸びなかったので、途中から中隊において持続走を専門にやるようになりました。当然、そこで持続走担当のS2曹と接することで、彼に感化されたものと思います。Shは東京都出身で、両親は自衛官家族会の機関紙「おやばと」にも投稿されるなど自衛隊との交流に積極的でした。Shはやる気もあり素直なので、私は陸士だった彼を陸曹候補生に推薦したほどでした。

私は幹部候補生に合格し、福岡県久留米の幹部候補生学校、次いで富士学校に入校するため、約2年間中隊を留守にし、Shと接する機会がありませんでした。Shは私が不在の間に3曹に昇任していました。その後、川脇中隊長から「Sh3曹も反戦自衛官のようだ」と聞かされ、驚きました。半信半疑のまま中隊に復帰してSh3曹と再会しましたが、あまりの変わりように困惑しました。

まず違和感を持ったのは、私が再会劈頭《へきとう》に「Sh、しばらくぶりだな」と挨拶したにもかかわらず、全く私と目を合わせようとしなかったことです。また、Sh3曹は、S2曹とK2曹の営内陸曹室に入りびたりの状態でした。その後も私には挨拶しないばかりか、会話も減っていきました。私は、何度もSh3曹をS2曹とK2曹から引き離そうと試みましたが、できませんでした。それどころか、私がSh3曹に腹を割って話した内容が、悪く誇張され「不屈の旗」に載る始末でした。私はSh3曹に怒りを覚え、何度も呼んで指導しましたが彼の態度は変わりませんでした。

この頃になると「清水3尉、なぜあんな奴らが中隊にいるんですか。なぜあんな奴らを〝普通の隊員〟として扱わなきゃならないんですか。なんなら私はチョンガー（独身）ですし、いつ自衛隊辞めてもいいですから奴らを殺して俺も死にます」と冗談とも思えない過激な発言をする「剣士会」メンバーまで現れました。当時中隊長は、「反戦グループに対しては分け隔てなく普通の隊員として扱うこと、決して暴力を働いてはいけない」と指導していました。のちに予想される反戦グループとの裁判闘争を見据えてのことであったのだと思います。

中隊長は「反戦グループを分け隔てなく勤務させる」という方針を示されましたが、中隊の当直勤務や、市ヶ谷駐屯地を警備する警衛隊勤務に反戦グループを就ける際には、「不測の事態」を回避するために特別な配慮が必要でした。中隊の当直幹部は2曹以上を充てることになっていたので、当然S２曹とK２曹もその対象でした。S２曹とK２曹を当直幹部に就ける時には、補佐役の当直陸曹には、しっかりした3曹を〝お目付け役〟に充てました。ただし、実際には、何をしでかすか分からないS２曹とK２曹は、当直幹部にはほとんど就けなかったと記憶しています。一方、当直陸曹に任ずる3曹の階級には、反戦自衛官のSh、En、Ko、Zuらがいました。彼らを当直陸曹に就ける際は、当直幹部には「剣士会」メンバーが就くことになっていました。

また、反戦グループを駐屯地警備のための警衛勤務に就ける際には、必ず複数の「剣士会」メンバーが一緒に就くという勤務態勢を取りました。当然のことですが、警衛勤務の中でも、実弾を持たせる弾薬庫歩哨には反戦グループは絶対に就けませんでした。

いずれにせよ、反戦自衛官を忌み嫌う私達「剣士会」にとって、当直勤務や警衛勤務で、彼らと一緒に勤務する苦痛は、計り知れないものがありました。

反戦自衛官とそれに反発する「剣士会」との間の溝は深まるばかりでした。こんなことがありました。1988年10月頃、中隊対抗銃剣道大会で、4中隊は5連覇を達成しました。その祝勝会の席上、大事件が起こりました。祝勝会では、飲む前から「剣士会」の松永、高塚、岡部、村田、河野、太田、岡、可賀谷、大屋、御簾納、津久井（暴走族の元リーダーで私のために命を捨てるというほどの義侠心の厚い男）等の陸曹（2曹・3曹）隊員はもとより、武井兄弟、井草、伊東、高村、水野等陸士隊員も皆、「今日こそ反戦メンバーを袋叩きにしてやる」と意気込んでいました。

剣士会面々の怒りが爆発寸前にあることを承知していた私は、運用訓練幹部の青木1尉に事情を話し、「私が動かないと『剣士会』の奴らは収まりません。私が酔ったふりをして反戦グループに言いたいことを言いますから、少し過激になるかもしれませんが、黙って見ていてください」と前置きして挑発行動に出ました。

私は、酒の力も借りて祝勝会の席上で「4中隊を滅茶苦茶《めちゃくちゃ》にしたお前達・反戦自衛官がどうして祝勝会の席にいるんだ。宴会に出る必要はないから、お前達は出ていけ」と声を荒らげて挑発しました。その一方で、「剣士会」に対しては「今日は俺が反戦グループをやっつけるから、お前達は絶対に手を出すな」と言い渡しました。

双方とも、血の気の多い過激な面々であります。本来は祝勝会のはずが、宴会場は「言葉の戦場」と変わり、過激な怒号が飛び交いました。私は、反戦グループの反応を冷静に観察していました。するとどうでしょう。1カ所に固まっていたS2曹やSh3曹達は、「剣士会」からの罵声に対し嫌な顔ひとつせず、むしろニヤニヤと冷笑し、平然としているではありませんか。まるで「早く俺たちに危害を加えてくれ、こちらの思うツボだ」と言わんばかりでした。彼らが、小西やそれを使嗾する黒幕から〝戦術〟を授けられていることは明白だと思いました。「剣士会」の暴発を逆用して、〝反戦闘争〟に活用しようという魂胆がありありと透けて見えました。彼らの術策を見破った私は、酔ったふりをして、自分1人で反戦グループとの矢面に立ち、決して弱みを握られないように振る舞って、何とか「剣士会」メンバーとの直接衝突は回避させることができました。

剣士会と反戦グループによる一触即発の宴会が事なきを得て終わったあと、私は中隊に戻り、Sh3曹を幹部室に呼び出しました。私もSh3曹も相当酒を飲んでおり、しかも激しい口論をした興奮の余韻が残っていました。私は「他の隊員たちに聞かれてはまずい」と思い、幹部室の入り口ドアを閉めました。のちに反戦グループはこのことを「清水はSh3曹を監禁した」と主張しましたが、これは全くの嘘であります。

先述しましたが、Sh3曹は私と同じ迫撃砲小隊所属であり、銃剣道も手ほどきし、陸曹候補生選抜の際には彼を推薦した経緯がありました。だから、私には、「どうしてSh3曹は反戦自衛官になったのか」という悔しい思いがありました。私は、Sh3曹に「お前を陸曹候補生に推薦して失敗した。お前が反戦自衛官になるとは情けない。なぜお前は反戦グループに入ったんだ」と問いただすと、彼は激しい口調で「自分の目指した自衛隊と現実が違うからであり、日本の歴史を振り返る時、先の大戦で多くの人々は天皇ヒロヒトのせいで亡くなった。日本は自衛隊ごと変わらなければならないんだ」などと一気にまくし立てました。私は正直驚きました。あまり歴史やイデオロギーなどは詳しくないと思っていたSh3曹が、まるで自衛隊の教範を読むかのごとく滔々とまくし立てるのを聞いて、「こいつは相当洗脳されているな」と思いました。Sh3曹はさらに「清水3尉のように強靭な〝大木〟でも、1匹のシロアリには勝てない。私は自衛隊でシロアリになる」とうそぶきました。さらに押し問答が続いた後、私は「もういい！　貴様殺すぞ！」と言って彼の太ももを足で押しやりました。

のちに、Sh3曹は、この夜の経緯を裁判や「不屈の旗」などの暴露本で「監禁・暴力事案」として大きく取り上げ、騒ぎました。ちなみに、「不屈の旗」はこの頃、私のことを「暴力犯罪幹部の清水」と書き立てました。

私とSh3曹が幹部室でやり合っていることは多くの「剣士会」仲間が知っていて、彼らが幹部室に入ってきました。その中の1人、津久井3曹は「俺は元暴走族のリーダーだ。お前を亡き者にするなんて訳ない。殺すぞ、この野郎」と何度もSh3曹に詰め寄りました。このことも反戦グループの裁判等において格好の餌食となりました。津久井氏の名誉のために付け加えますが、確かに彼は東京・仙川で暴走族「ブラックエンペラー」のリーダーでしたが、入隊後は極めて素行も良く忠誠心の強い、後輩思いの素晴らしい隊員（人間）でした。彼は、過酷なレンジャー訓練も克服するほどの人物で、人間としての本当の芯の強さを持っており、自衛隊入隊後は目覚ましい成長を見せました。彼はその後、「あんな奴らも排除できない自衛隊が情けない」と言って、依願退職をしてしまいました。私にとっては、津久井氏を失ったことは、無念極まりないことでした。

「あんな奴らも排除できない自衛隊が情けない」という津久井氏の言葉は、重大な意味を持っていると思います。この言葉こそが、自衛隊創隊以来、国民も自民党政権も手をこまねいて放置してきた「国防体制の重大な不備」を端的に指摘するものだと思います。その結果、4中隊を〝戦場〟として同じ隊員同士が骨肉の争いをする羽目になったのだと思います。その状態は今も何ら変わっていません。

私が反戦自衛官を許せない理由

私は、反戦自衛官が許せない。理由はこうです。1つ目は、国民の負託に応えるべき自衛隊に、「シロアリ（Sh3曹の言葉）」のように自衛隊を蝕もうとする反戦自衛官が18年間も潜伏・活動していたことです。

2つ目は、32連隊の異動についての新方針——古い隊員から転属させる——の巻き添えとなり、行きたくもない北海道等の勤務地に転属させられた、反戦自衛官とは関係ない隊員がいたことです。これら隊員・家族がある意味で反戦自衛官の巻き添えで犠牲となったのです。彼らの気持ちを思うと本当に許せません。

3つ目は、彼らのせいで「反戦なのでは」と疑われた隊員がいたことです。私も含め、これら隊員達の無念さは当事者でなければ分かりません。反戦自衛官と疑われたのは柴田2曹、K3曹、E3曹、Ku3曹、さらにはT士長、Ty士長らでした。残念なことですが、これら隊員のうち、士長クラスは全員辞めました。陸曹の中でもKu3曹以外は皆辞めました。

Ku3曹は、2015年の停年まで自衛官を全うしました（退官時曹長）。私は、2008年に彼と再会しましたが、その折、「清水3佐、私は反戦自衛官ではありませんでしたよ。だから辞めませんでした。レッテルを貼られ随分誹謗中傷を受けました」と涙ながらに訴えました。彼がかわいそうでした。

犠牲者の実例――反戦自衛官を疑われて辞めた柴田2曹

私は、犠牲者の代表として柴田秋穂2曹について触れておきたいと思います。自衛隊に入隊して、私が衝撃を受けた人物が2人います。1人は前出の作間3曹（1尉で退官）。そして二人目が、柴田士長（退職時2曹）でした。

柴田士長は体力抜群（体力検定1級）、戦技能力抜群（持続走は師団選手、射撃は師団チャンピオンそして銃剣道は中隊選手）、知的能力抜群で、人格温厚にして後輩の面倒見が良く、こんなバランスの取れた人物がいるのかというほどの逸材でした。彼は防衛大学校の第19期生で、2学年の時（昭和48年3月）に留年し退校、そのまま武山駐屯地の新隊員教育隊の門をくぐり2等陸士で再入隊しました。長崎県の名門長崎北高校出身でした。

連隊の誰もが「4中隊の柴田士長は文武両道に秀でており〝別格〟」と見ていました。私自身も個人的に憧れていました。自衛隊を辞めようか迷っていた時、私に大きな影響を与えた人物は当時の作間3曹と柴田3曹でした。また、私の結婚式の司会をしたのは当時の柴田3曹でした。

柴田士長は新隊員教育隊でも断然トップの「団長賞」を受賞、その後陸曹候補生に指定され、陸曹教育隊でも前期教育「方面総監賞」、後期教育「団長賞」と素晴らしい成績を収めました。

柴田士長に憧れた私は自衛隊に残ることを決めました。そして、その後の各種教育課程での成績が柴田2曹と同じくトップになれるよう努力しました。そのかいあって、私も全ての教育課程でトップの成績を収めました。

柴田2曹は、1984年の幹部候補生の1次試験に合格しましたが、2次で不合格になりました。模擬試験では抜群の成績だったのですが。柴田2曹は、翌年も1次試験には合格しましたが、2次試験で不合格となりました。柴田2曹は、結局3回連続1次試験に合格しましたが、反戦自衛官を疑われ、2次試験はいずれも不合格でした。

柴田2曹が反戦自衛官と疑われた理由は、S2曹との交友関係からだと思います。柴田2曹は陸士時代から持続走が抜群に速く、連隊代表の選手として活躍し、S2曹とは仲が良かった。そのことが、柴田2曹の運命を変えたのだと思います。

富士学校を卒業し、反戦自衛官問題でガタガタの4中隊に戻った私は、中隊長と2科長（保全、情報担当幕僚）から親友の柴田2曹が反戦自衛官ではないかと疑われていることを聞きました。しかし、私にはそのことが信じられませんでした。私は、ある時、柴田2曹を自宅に招待しました。私は思い余って「柴田班長も、反戦自衛官なんですか。もしSやKと同じ反戦自衛官なら、あなたを殺して私も死ぬ！」と口走りました。すると、柴田2曹は、「お前まで俺を疑っていたのか。幹部候補生の1次試験に何度合格しても2次で落とされることから、『もしかや疑われているのでは』と思っていたんだ。本当に悔しい」と、涙ながらに話しました。

柴田2曹の告白を受け、私は中隊長などに対し、必死で同2曹の潔白を訴えました。しかし残念ながら、いわゆる〝グレーの濡れ衣〟を晴らすことはできませんでした。私はそれについて柴田2曹に率直に話しました。彼は退職準備を始めました。小隊長であった私は、尊敬する川脇中隊長に「せめて、比較的楽な車両陸曹に据え転職の準備に当たらせてほしい」とお願いしたところ、中隊長も承諾してくれました。

柴田2曹の退職の送別宴会は、私が幹事となって陸士、陸曹、幹部の参加を得て盛大に行いました。挨拶の時、彼は涙を流しながらに「自分は自衛隊が好きだった」と話しました。送別会に参加した誰もが柴田2曹の優秀さを知っているが故に、彼の退職を惜しみ、悔しがりました。1989年3月、陸上自衛隊は一騎当千の貴重な人材を失いました。

川脇中隊長も宴会に参加してくれました。これに対して、第1師団上層部からこっぴどく叱られたことをあとで聞き、「陸上自衛隊は何と冷淡、冷酷な組織か」と憤った次第です。

私にとって、柴田2曹の退職はあまりにも大きな衝撃となりました。と同時に、私は「SやKなどの反戦自衛官を決して許さない」と彼らと闘う決意を新たにしました。

家族に対する脅迫

反戦自衛官と闘っていた頃、私は結婚して家族がおりました。1988年に富士学校を卒業した頃は、長女が小学1年生、長男が2歳で、千葉県市川市二俣の官舎に住んでいました。

この頃になると夜中に無言電話が多くかかるようになりました。また、休日に車に乗ろうとしたら、タイヤ全てがパンクさせられていたことも数度ありました。鋭利なキリのようなものでタイヤの横から刺されていました。また、私は、電車通勤時、常に人に尾行されている気配を感じていましたので、電車に乗る時は絶対一番前には並びませんでした。いくら屈強な私でも、後ろから押されれば線路に落ちてしまうと思ったからです。

一番の心配は幼少の娘でした。当時、宮崎勤による東京・埼玉連続幼女誘拐殺人事件が世間を騒がせていました。家内は「もし今流行の『少女無差別刺傷事件』に偽装して中核派一派が恵（長女）に危害を加えたらどうしよう」と不安に苛まれていました。通学時は常に送迎し、私が不在の時は子供連れの外出は極力控えました。同じ年頃の子供たちが公園で楽しく遊ぶ姿を見て、我が子らの不憫さを思いました。時は流れ、今は2児の母となった娘も、その意味では犠牲者だったのだと思います。

こんな状況に耐えられず、妻が私に「自衛隊退職」を懇願したのは言うまでもありません。

私も心配で、昼休みには部隊から電話して安全を確かめたものです。K２曹を１回だけ脅したことがあります。「家族に手を出したら必ず報復して殺す」と。そう脅したのには理由があります。私は結婚間もない頃、同じ大学の先輩でもあるK２曹を１回だけ自宅に招き、妻を紹介しており、彼は妻の顔を知っていました。妻もそのことを心配していました。

こんな訳で、私は、ストレスで相当に参ってしまいました。銃剣道の指導や小隊長としての勤務に加え、反戦自衛官との闘いで、心労が募り、胃が痛む状態が続きました。受診の結果、胃潰瘍と診断されました。胃に数個の潰瘍ができており、その中の１つはかなり進行していました。私の「体調不良」の情報はすぐに反戦グループにも伝わり、「不屈の旗」で「清水はもう少しで潰れる」などと報じられたものでした。

K裁判へ証人として出廷

SとKの裁判は、それぞれ転属先の裁判所で行われました。Kの裁判は札幌地裁において行われました。私は、福山連隊長が着任された１９９３年から94年にかけ２度も札幌地裁に証人として呼ばれました。裁判所の中に入ると後方の傍聴席に陣取っていた小西グループと思われる数名が「清水、暴力犯罪幹部！」と野次りました。私が振り返り睨むと「おい清水、ちゃんと証言しろよ」と叫ぶので、私は、「うるせえ、この野郎」と怒鳴り返しました。

私が証人席に座ると、裁判長が氏名、住居、年齢、職業を尋ねたあと、「嘘偽りのないことを証言する」旨の宣誓をさせられたと記憶しています。裁判の争点は「自衛隊が組織的に反戦自衛官であるSやKに思想信条を理由に転属させたかどうか」というものでした。それに関連して、私に対する質問は「清水を筆頭とする『剣士会』が自衛隊側の命令により暴力で反戦兵士に苦痛を与えたのか」が焦点のようでありました。これに対し、自衛隊側の主張は「転属はあくまでも古い順から命じたのであり、思想信条を理由に選んだのではない。また、『剣士会』を用いて反戦グループに退職を強要させたのではない」というものでした。もとより、私の証言もそれに沿ったものでした。

この裁判の終わりに、裁判官は私に、「証人は自衛隊の部隊・中隊とはどうあるべきだと考えますか」との異例の質問をしました。私は「部隊というのは指揮官の命令通りに行動するものであり、そこには個人の意見はない。中隊というのは家族であり、中隊長という親父の下、一致団結して一枚岩で、いかなる任務も克服するものであり、そこには一糸乱れぬ規律、そして揺るぎない信頼と団結が必要です」という趣旨について、声を大にして訴えました。

これに対して裁判官は「自己の信じるところにより、強い部隊を作ってください」と締めくくりました。この裁判官の発言に対し、反戦グループから「裁判官は清水を庇っている」とのブーイングが沸き起こりました。

反戦自衛官事件に対する筆者の感懐
――事件は日本版戦艦ポチョムキンの反乱だ

戦後の自衛隊で起きた反戦自衛官事件は一部の隊員による一種の〝反乱〟であり、本質的には旧軍で生起した二・二六事件や五・一五事件、ロシア海軍で発生した戦艦ポチョムキンの反乱と同じである。

陸上自衛隊は、1950年の朝鮮戦争勃発時、GHQの指令に基づくポツダム政令により、総理府の機関として組織された警察予備隊がその始まりである。爾来、米ソ両陣営が世界規模でしのぎを削った冷戦時代から今日に至るまで、陸海空自衛隊は弾丸を撃ち合う戦闘を経験することはなかった。

反戦自衛官闘争とは、市ヶ谷駐屯地に所在する32連隊4中隊を〝主戦場〟として、体制（政府）側の清水3尉を筆頭とする「剣士会」中心の隊員達と反体制（新左翼に属し、自衛隊内での「民主化」を標榜する小西グループ、さらにはその背後の黒幕に使嗾された反戦自衛官）の隊員達の間で闘われた一種の〝イデオロギー戦争〟ないしは大げさかもしれないが〝東西の代理戦争〟だったのではないだろうか。

戦場においては、銃や砲弾を撃ち合い、相手を殺傷するのが常だが、32連隊で行われた〝戦争〟は、〝戦友〟（仲間同士）である隊員と隊員が直接睨み合い、暴力寸前までの示威や、罵詈《ばり》雑言《ぞうごん》の応酬、合法・非合法的サボタージュなどが主体だった。通常の戦争では、物理的な力で隊員の身体を殺傷するが、イデオロギー戦争では、隊員の心に深刻なダメージ（トラウマ）を与える。すなわち、隊員相互に不信感や猜疑心が募り、心が苛まれ、その結果、部隊の規律・士気・団結にダメージを受け、戦闘部隊としての機能が損なわれる。また、国民の自衛隊に対する信頼感も打ち砕く。これこそが、小西らを使嗾する黒幕が意図していた闘争目標だったのではなかろうか。

この闘争を企画実行した人物・団体の〝背後の背後〟に誰がいたのか、明らかにはされていないが、結果として、双方に大勢の〝犠牲者〟が出たことは事実だ。黒幕に使嗾された小西グループも、〝健全な隊員グループ〟もあたら有為な隊員たちの人生が、取り返しのつかないダメージを受けたのだ。

先にも触れたが、32連隊の隊員達は、自らを「近衛歩兵連隊」と呼び、天皇陛下のお膝元に駐屯して首都防衛の役割を担っていることを誇り、名誉とし、強い使命感を堅持していた。

連隊内で起こった反戦自衛官との葛藤は、このような32連隊隊員の誇りや名誉を著しく損なった。私は、1993年7月に32連隊長に就任して以来、反戦自衛官問題で損なわれた連隊の名誉を回復し、隊員の誇りを取り戻してやりたいと密かに念じていた。1995年3月に生起した地下鉄サリン事件においては、32連隊が主体となって除染作戦を命じられたが、優秀な隊員達の力でこの困難な任務を見事に成し遂げた。これにより、反戦自衛官問題が原因で損なわれた心のダメージを幾分なりとも回復し得たものと自負している。

私は、32連隊勤務以来、清水氏とは長きにわたり親交があり、彼の人となりを熟知しているつもりだ。私が連隊長の頃、清水1尉はまさに法廷の場において反戦自衛官との弁論闘争を行っていた。私は、清水1尉が法廷（札幌地裁）に赴くたびに申告を受けたが、彼の胸の内を思うとかわいそうでならなかった。

当時、一連の反戦自衛官との法廷闘争では、清水1尉に対して自衛隊側（政府・防衛庁）から一定の指導があったことは推察される。自衛隊側は清水1尉に対して、裁判の席上「自衛隊が組織としてSやKを排除しようとしたのではない。あくまで清水個人と『剣士会』が自発的に反戦自衛官と闘ったことを証言するように」と指導するのが常識だろう。万が一、「組織として排除しようとした」ことが明らかになれば、政府・自衛隊側が裁判に負けることになるのは自明の理だ。清水1尉は、このことについては私には一切何も語らなかった。

清水1尉は、法廷において、「自分の信ずるところで発言する」か、「防衛庁・自衛隊側の主張に沿って発言する」かの間で悩んだことだろう。しかし、結局、清水1尉は戦後レジームの中で、大げさに言えば東西陣営の激突する法廷闘争の場で、信念を持って、自ら体制側に立って証言したのではないだろうか。

このような、自衛隊の在り方を左右しかねない決定的なイデオロギー闘争――法廷闘争を含む――の場で、勝敗を決したのは防衛庁長官でも、陸上幕僚長でも、東部方面総監でも、第1師団長でもなく、清水3尉（当時）をはじめ、名もなき「剣士会」の面々であったのは事実だ。

反戦自衛官との闘争では、政府はもとより自民党も冷たい、という印象を持った。また、軍政を所掌する内局（シビル）は、高みの見物をしている観があり、制服組の中には「内局には敵性官僚ないしは敵性勢力のスパイが潜んでいる」と不満を漏らす向きもあった。いつの戦いでも、激戦の現場にいるのは、このような名もなき草莽の兵士達なのだ。

清水1尉は、地下鉄サリン事件の際も当初の作戦計画・命令を起案し、事件発生の3日後の

1995年3月23日付で防衛大学校指導教官を命ぜられ連隊を去った。同年7月、私も32連隊長の職を解かれ、陸幕調査部調査第2課長に就任した。ある日、当時の陸上幕僚長だった渡邊信利陸将（故人）から呼び出された。何事だろうと、訝《いぶか》りつつ部屋に入ると、陸幕長は上機嫌でこう言われた。

「福山、お前の部下だった清水1尉は大したものだな。防大の指導官に就けたのは正解だったよ。俺が学生に講演中に、居眠りしている奴がいると、頭をポカリとやって起こしていたよ。多くの指導官がいる中で、あれだけのことができるのは清水1尉だけだ。防大出身の指導官じゃできないな。あれだけの情熱と迫力は素晴らしい」

その時私は、なぜ渡邊陸幕長が清水1尉のことを知っているのか、なぜ彼が32連隊にいたことを知っているのか不思議に思った。1尉の階級の幹部ならば全国に大勢いるのに。私が、臆せずに聞くと次のように説明してくれた。

「俺は、陸上幕僚監部・人事部長（1990年3月〜92年6月）と陸上幕僚副長（1993年7月〜94年7月）の時に、反戦自衛官問題への対応に当たったたんだ。だから、あの事件で清水君がいかに大きな役割を果たしてくれたかよく承知している。もし、32連隊に清水君がいなかったら、あの問題はどうなっていたか分からない。とにかく清水君の働きは大きかったよ」

私は、32連隊長を命ぜられた時、あまりうれしくはなかった。その理由の一端は、私の「都会コンプレックス」に起因するものだった。私は、五島列島という僻地で育ったため、都会に対する強いコンプレックスを持っていた。都会コンプレックスの裏返しの心理かもしれないが、都会育ちの人に対する偏見を持ち、「都会出身の隊員は、本当に自衛官に相応しいのだろうか？」と本気で思っていた。32連隊は文字通りの「都会連隊」であった。

韓国防衛駐在官から帰国した直後、防衛大学校時代の指導教官であった常田元将補（防大4期）から電話をいただいた。常田元将補は私よりも10歳も年上で、謹厳実直を絵に描いたような自衛官で、どこか風貌までも乃木大将に似ており、私が心から尊敬する先輩の1人だった。

「韓国勤務ご苦労だったね。ところで、どこの連隊長になるんだ」

「残念ながら、市ヶ谷の32連隊長です。北海道か、九州に行きたかったのですが。あの連隊は反戦自衛官を出したいわく付きの連隊ですよ」

「まずはおめでとう。君は思い違いをしているよ。市ヶ谷の連隊は、日本一の連隊だ。僕も32連隊長だったんだ。本当に素晴らしい連隊だよ」

私は「しまった」と思った。常田元将補が32連隊長だったことを忘れていた。覚えていれば答え方も違っていたのに。それにしても常田元将補が言われた「32連隊は日本一の連隊」との評価は、着任直前の私にとってにわかには信じ難いことだった。

着任して日を追うごとに、常田元将補のご指摘通り、私の「都会連隊」に対する偏見は全くの誤解であることが分かった。隊員達は実に誠実・素朴で純な男達だった。東京都の出身者もいたが、全国の田舎から夜間大学通学のために入隊した者も結構多かった。東京都出身であろうと地方出身であろうと当たり前のことだが人間性に差異はなかった。

このことは、反戦自衛官にも「剣士会」の隊員にも当てはまることで、いずれも知的能力が高く、誠実・素朴で純な男達だったに違いない。そんな隊員達が、2つに分かれて相争ったのだ。

魏の曹植は異母兄の曹丕から、「7歩歩む間に詩を作らねば殺す」と脅迫され、「豆と豆殻はもともと同じ根から出たのに、どうして煮たり煮られたりするのか」という内容の詩を即座に作ったという。それは、「私とお兄さんは、同じ父から生まれた異母兄弟なのに、どうしてあなたは私を殺そうとするのですか」という意味だ。

私は、反戦自衛官問題を考えるときに、どうしてもこの詩を思い出す。本来は戦友であるはずの、同じ32連隊の隊員同士が豆と豆殻のようにお互いを傷つけ合ったことに、なんとも言えない悲しさを覚える。

あの事件から既に半世紀近くもたとうとしている。清水氏をはじめ「剣士会」だった隊員も全て自衛隊を退いた。「剣士会」の隊員と反戦自衛官は共に、それぞれ古いトラウマを抱えていると思うが、どうかそれを乗り越えて雄々しく生きてほしいものだ。それぞれ己の人生の総決算に向かって。冷戦崩壊で、既にイデオロギーの戦いは終ったのだ。

第7章

日露戦争に関わる駐在武官列伝

福島安正中佐の単騎シベリア横断

以下は、主として伊勢雅臣氏が「国際派日本人養成講座」というメルマガで書かれた「人物探訪：福島安正・陸軍少佐のユーラシア単騎横断」というエッセイの記述を参考に論考した。福島安正は日本の陸軍軍人で最終階級は陸軍大将。語学が堪能で情報分析に秀でており、萩野末吉——情報将校の元祖で最終階級は陸軍中将——に続く傑出した情報将校である。１８７年３月、福島は少佐でドイツ公使館付武官としてベルリン駐在を命ぜられた。

福島は、参謀本部管西局——朝鮮・支那沿海担当——勤務時代（１８７９年12月から１８８３年６月）には管西局長の桂太郎と共に中国や朝鮮などを2度にわたり実地調査（情報収集活動）し、これらを踏まえて「対清作戦策」を作成した。また、１８８６年にはインドやビルマ方面を視察の上、報告書を提出している。したがって、ドイツ公使館付武官に赴任する頃には、福島の情報将校としての実績は揺るぎないものになっていた。

赴任後の翌１８８８年に、福島はロシアが東洋進出のためにシベリア鉄道建設を企画しつつあるという情報を得た。この鉄道の軍事的な意義は明らかだった。それまでのロシアは欧州の兵力を極東に運ぶ効率的な手段を持っていなかった。海路では喜望峰を回らねばならず、１８

69年にはスエズ運河が開通したものの、極東に海路で兵力を搬送するには、多くの時間と費用がかかった。

また列強の領海を通過せねばならないので、英国などから干渉される恐れがあった。ところが、自国の大陸内を鉄道で運ぶなら、誰も口出しできない。鉄道を敷設すれば、極東侵略のための兵力も物資も、効率的に送り込むことができるようになる。

福島は、情報として得たロシアのシベリア鉄道建設について、実地調査する必要性を痛感し、1891年、騎馬によるユーラシア大陸横断の計画を立て、参謀本部に旅行申請を提出した。ちょうどこの月に、アレクサンドル3世はシベリア鉄道の建設を正式に宣言した。それから間もなく、ロシア政府から日本政府に、ウラジオストクにおけるシベリア鉄道起工式に皇太子ニコライを派遣するので、そのついでに日本を訪問させたい、という通報があった。今日の日本人の感覚からでさえも、「日本・極東への侵略ルート建設の起工式のついでに、皇太子ニコライを訪日させるとは厚かましいにもほどがある。完全に日本を見下し、舐め切っている」と思えるが、アレクサンドル3世の真意はどうだったのだろうか。

1891年5月11日、訪日したニコライが、大津で警護の警察官・津田三蔵に斬り付けられて負傷するという事件（大津事件）が起きた。今日の私から見ても「津田巡査よ、よくやった。

第2図　福島安正の大陸横断ルート

日本人に正気あり」と言いたいところだが、一時は日露開戦勃発かと日本中がおののいた。

ちなみに、事件の3年後にロシア皇帝となったニコライ（ニコライ2世）は、遺恨からか、日清戦争後の三国干渉を主導した。また、日露戦争敗北後のポーツマス会議では「ひと握りの土地も1ルーブルの金も日本に与えてはならない」と側近に指示して、賠償金などを引き出したい日本を窮地に追い込んだ。

福島が申請した騎馬によるユーラシア大陸横断の計画（現地情報偵察）はこの事件の後、参謀本部の認可するところとなった。また、不思議なことにロシアは福島の大陸横断計画を拒絶しなかった。ロシアの防諜意識が低かったのか、日本を舐め切っていたかのどちらかだ。後者の方が正しいのではないだろうか。超大国のロシアは日本を脅威などとは見なさず、むしろ「福島にロシアの東方進出の意思と能力を見せつけ、日本を脅してやろう」と考えたのではなかろうか。

いよいよ、福島は行程1万4000㎞、所要日数488日のユーラシア大陸横断の騎馬偵察に挑戦することになった。1892年2月11日（紀元節）にベルリンを出発した福島（出発時は少佐で、旅の途中で中佐に昇任）は、3日目には旧ポーランド領に入った。旧ポーランドは、1772年、1793年、1795年の3度にわたってドイツ（プロイセン）、ロシア、オーストリアによって分割された（ポーランド分割）末に消滅し、123年間にわたり他国の支配下ないし影響下に置かれた。

淋しき里に出たれば、
ここは何処と尋ねしに、
聞くも哀れや、その昔、
亡ぼされたるポーランド

この歌詞は、明治時代の歌人・落合直文の作で、「福島少佐のシベリア横断の歌」として愛唱された。ロシア革命後の混乱の中、シベリアに出兵していた日本陸軍は、同地で苦境に陥っていたポーランド孤児（シベリアに流刑された政治犯などの子供）765人を、1920年と

1922年の2回にわたって救出した。この日本政府・陸軍の決断は「福島少佐のシベリア横断の歌」で醸成された、国を失ったポーランドへの同情から発したものではないだろうか。

歌は人間の感情を刺激するもので、大きな影響力がある。ちなみに、1955年前後から70年代まで、東京など日本の都市部で流行した歌声喫茶では、ロシア民謡、労働歌、反戦歌などが歌われた。歌声喫茶は、日本共産党を中心として展開された「うたごえ運動」という政治運動において大きな役割を果たしたことを見れば、背後で、ソ連・コミンテルンなどが仕掛けた情報戦の一環だったのかもしれない。

余談だが、大東亜戦争の折、スウェーデン駐在武官の小野寺信は、ポーランド亡命政権の軍参謀本部情報部のスタロニー・ガノ部長をはじめ情報関係者からソ連どころか米英（連合軍）――ポーランドの味方――に関する情報提供を受けたが、それは上記のポーランド人孤児の救出などがあったからだろう。

福島は、ワルシャワを経て、2月の後半にはリトアニア、ラトビア、エストニアのバルト3国を通過した。これらの国々は、かつては独立国として繁栄していたが、福島通過時はロシア領となっていた。人々は、当時も弾圧に耐えながら、地下で独立運動を続けていた。福島はこの実情を見て、「日露間に戦端が開かれたら、これらの独立革命家を支援・煽動して、帝政ロシアを西（背後）から攪乱する手もあるな」と考えたという。この素晴らしいアイデア（着想）は、日露戦争時に明石元二郎大佐の工作につながり、実行に移され、勝利に大きく貢献したのは言うまでもない。

3月24日、福島はロシアの首都サンクトペテルブルクに入った。42日間で１８５０km、日本でいえば鹿児島—仙台間を走破したことになる。福島のサンクトペテルブルク到着に際しては、歴史・民俗的には諜報に敏感なロシア側は、彼の動きに強い関心をもって捉えていたと見え、騎兵将校が出迎え、騎兵学校の貴賓室に案内され、賓客として扱われた。ちなみに福島も騎兵将校だった。ユーラシア大陸の単騎横断という福島の壮大な企図に敬意を表すると同時に、ロシアの極東進出の魂胆を諜報されるのではという猜疑心があったのは確かであろう。

福島はここで半月ほど過ごして情報収集に当たった。ロシア陸軍の総兵力、編制が明らかになった。それは日本の14倍という規模であった。ロシア陸軍の総兵力、編制を短期間に把握できたのは、福島の巧みな情報収集能力の成果だと言えるが、もしかしたらこれはロシア側の「情報戦」に基づく意図的なリークだったのかもしれない。

ロシアは「我が陸軍には日本陸軍に比べ圧倒的な戦力があるぞ。俺たちに対抗できると思うなよ」という、ある種の日本に対する脅迫として、福島に情報を与えたのではなかろうか。このやり方は、アレクサンドル3世がシベリア鉄道の起工式に皇太子ニコライを訪日させたのと似ていて、日露間の国力・軍事力の圧倒的な格差を見せつけることで、日本の対抗意識を削ぐ意図があったような気がする。

福島が接した騎兵隊は、ロシア陸軍の華とされ、軍紀厳正で訓練精到な精鋭揃いであった。日露戦争で、満州軍は、このロシア騎兵に苦しめられることになる。しかし、歩兵や砲兵の練度にはムラがあり、ロシア王朝の頽廃《たいはい》に影響されてか、軍紀も弛緩し、皇帝への忠誠心にも疑問があった。真実を穿つ福島の目は確かであった。

3月30日、福島は破格のことに、皇帝アレクサンドル3世への拝謁を許された。皇帝は福島のユーラシア横断に非常な興味を抱いていた。とはいえ、大津事件の余波も残っており、福島にとっては気骨が折れる拝謁だったに違いない。

4月9日、福島はサンクトペテルブルクを出発し、720㎞を16日間で走破して、4月23日にはモスクワに着いた。モスクワではシベリア鉄道建設に関する情報を集めた。その結果、東西両端から建設工事を始めることや当時の未完成線路が約7000㎞であることが判明した。福島は、それまでの工事速度（年間700㎞）から推計して、10年後の1904年（日露戦争開戦の年）には完成するだろうと予測した。この福島の予測は的中しており、日露戦争開戦

（1904年2月8日）から約7カ月後の9月25日に全区間が完成・開通した。

5月6日にモスクワを出発し、7月9日にはウラル山脈の頂上に到達し、かねて聞いていた「頂上の碑」を発見した。高さ3mほどの石碑に、「西はヨーロッパ、東はアジア」とロシア語で記されていた。

ここからがいよいよシベリア（ウラル山脈分水嶺以東の北アジア地域）である。帝政ロシアはシベリア開発のために多くの労働力を必要とし、犯罪者や政治犯を多いときには年間200万人も送り込んでいた。貧しいシベリアではコレラが流行しており、福島が通過する町々では広場に死体の山が築かれ、「死の町」のような静けさに覆われていた。

福島は夏の間に一気にシベリアの半分ほどを横断し、9月24日、日本人として初めてアルタイ山脈を越えて外蒙古に入った。かつて草原を支配した蒙古民族も、今は清国の支配下にあるが、眠るが如き清国政府はかかる辺境には無関心で、国防の配慮も乏しかった。それとは対照的に、帝政ロシアの経済的、軍事的影響が強まりつつあった。

東進するロシアは、必ずこの外蒙古を手中に収めるであろうと福島は予測した。事実、20年後の辛亥革命で清朝が崩壊すると、ロシアは外蒙古を勢力下に収めている。福島は、「ロシアの向かうところは、外蒙古の次は満洲、朝鮮、そして我が日本であろう」と思った。寒さの厳しい高原を、福島は馬の背に揺られながら、祖国に迫るロシアの脅威を案じ続けた。

福島は、約2カ月かけて外蒙古を横断すると、再び北上してロシア領に入り、バイカル湖畔に辿り着いた。シベリア鉄道の工事がまだここまでは達していないことが確認できた。福島は、1893年の元旦を、バイカル湖東方約110㎞のある町で迎えたが、零下30度の寒さで風邪をひき、ホテルで3日間も寝込んでしまった。

2月11日の紀元節を旅の途上で迎えたが、ベルリンを出発してちょうど1年が経過していた。福島は今までの旅が無事であったことを神に感謝した。しかしこの日、福島は馬から氷上に転落し、頭部に深い傷を負った。5日間、農家で療養したあと、再び東に向かい、3月20日、氷結しているアムール河を渡って、満洲に入った。

4月18日、福島は、吉林の手前で、この地方の風土病にかかり、18日間も田舎の宿で床に伏したままだった。祖国まであと1000㎞あまりのところまで来たのに、こんな満洲の田舎で果ててなるものか、と耐えた。その一念が通じたのか、何とか元気を回復し、5月7日になってようやく出発することができた。

6月1日、満洲と朝鮮を隔てる険しい山を越えると、前方遠くに青い海が見えた。日本海である。そこからは再びロシア領に入り、6月12日、福島はついにウラジオストクに到着した。

出発からちょうど1年4カ月で1万4000㎞を踏破し、見事に偵察任務を完遂したのである。大勢の日本人が万歳で出迎えた。到着の知らせは国内外に伝わり、世界中の新聞が世紀の壮挙と大きく報道した。

福島はウラジオストクから3頭の愛馬と共に、東京丸で日本に向かった。6月29日午後、横浜港に着くと、児玉源太郎陸軍次官や家族が出迎えてくれた。さらに福島を驚かせたのは、明治天皇から差し遣わされた侍従が「天皇陛下より賜る」と言って、温かいねぎらいの言葉とともに勲三等旭日重光章を授与したことだった。

7月7日には皇居で明治天皇に御陪食を賜った。乗馬を好まれる陛下は、福島が3頭の馬を東京まで連れ帰ったことを聞かれると、「それは良いことをした。福島はまことの騎兵将校じゃ」と喜ばれた。明治天皇の御沙汰で、3頭の馬は上野動物園で余生を送ることとなった。

この福島の壮挙から11年後に日露戦争が始まった。福島は満州軍総司令部の児玉源太郎総参謀長の下で高級参謀（情報担当）としてロシア軍の情報収集はもとより、中村天風の項で説明したロシア軍兵站基地や司令部の襲撃さらには東清鉄道の鉄橋爆破などロシア軍の背後に対する諸工作を続けた。日露戦争は薄氷を踏むような勝利だったが、福島の的確な情報分析が大きな力を発揮したことは論を待たないであろう。

福島のような明治期の軍人のスケールの大きい戦略的な発想と行動力は、今日、日本人が学ぶべきことではなかろうか。

我が身をもって満州の極寒を体験した広瀬武夫少佐

満州におけるロシア軍との戦いにおいて、日本軍の「もう1つの敵」は「寒さと病気」だった。日露戦争終了後に判明した結果から言えば「寒さと病気」はロシア軍との戦いを上回る人的な損害を満州軍にもたらした。

陸軍省編『明治三十七八年戦役陸軍衛生史』第二巻統計、陸軍一等軍医正・西村文雄編著『軍医の観たる日露戦争』によれば、国外での動員兵数99万9868人のうち、戦死4万6423人（4・6％）、戦傷15万3623人（15・4％）、戦地入院25万1185人（25・1％）であったという。戦地入院のうち、脚気が11万7751人（44・1％）を占めており、在隊の脚気患者14万931人（概数）を合わせると、戦地で25万人強の脚気患者が発生したことになる。なお、入院脚気患者のうち、2万7468人が死亡したとみられる（戦死者中にも脚気患者がいたものと推測される）。

日本陸軍は、このような事態を予測し、日露戦争前から「寒さと病気」への対応策を研究していた。ロシア陸軍は零下40度の雪原でも戦えるが、日本軍にはそのような能力・経験がない。このような背景の中、陸軍第8師団隷下の青森歩兵第5連隊は、1902年1月に雪中行軍を行うことになった。この雪中行軍の主目的は、青森から弘前の陸奥湾に沿った補給路をロシア海軍艦隊の艦砲射撃によって破壊・阻止された場合を想定して、内陸部の北八甲田連峰北側から八戸に至る山岳ルートを開拓することであったが、もとより、極寒対策や雪中行軍の注意点および装備品の研究を行うものでもあった。

この雪中行軍では、あいにく、記録的な寒波――北海道で史上最低気温が記録された――に襲われ、参加部隊の第5連隊の訓練参加部隊は視界を遮る猛吹雪に遭遇して道を失い、210名中199名が死亡するという痛ましい事故が発生した。

そんな状況の中、海軍軍人でありながら、八甲田雪中行軍遭難事件とほぼ同じ時期に、身をもって満州の寒さを体験・報告した人物がいる。それが広瀬武夫海軍少佐だ。

ロシア駐在武官だった広瀬は、日露関係が険しくなった1901年10月に帰国命令を受けた。それに加えて、情報収集に関する命令も届いた。それは「シベリアを経由して途中でロシアの地方の状況や、シベリア鉄道輸送に関する事項を視察し、1901年度中に日本に到着せよ」

という内容だった。この命令の中には、「身をもって満州の寒さを体験・報告する」任務は含まれていなかったが、広瀬は自らの発意でそれを行うことを決心したようだ。

広瀬は首都のサンクトペテルブルクからスレチェンスクまでの６０００㎞は鉄道を利用し、その後スレチェンスクからハバロフスクまでは橇《そり》車を使って２２００㎞移動した。それ故、広瀬はスレチェンスクで橇車を購入し、これに乗り換えた。ほかにも、橇車旅行の準備として厚手の衣類や食物なども買いそろえた。橇車は天井の付いていない普通の粗雑なもので、何度か修繕を要した。馬は2、３頭立てで、一定距離ごとに駅で新しい馬に換えた。その間の様子を『悉比利及満州旅行談』という講演録に残している。

それによれば、広瀬は１９０２年1月16日にサンクトペテルブルクを出発し、シベリア鉄道で東進、イルクーツクで下車してバイカル湖を橇車で横断した。広瀬がバイカル湖に辿り着いた時には、バイカル湖は厚く結氷しており、既に砕氷船から橇車に切り替わっていた。

広瀬の大陸横断旅行目的の第1は、「ロシアの極東における軍事作戦の兵站線となるシベリア鉄道輸送能力の調査」である。これについては、「バイカル湖を列車が横断する時は普段は2隻の砕氷船（バイカル号とアンガラ号）を利用するが、厳冬期は砕氷船の能力を超えてしまい用をなさず、僅に橇車のみが輸送・交通手段になる」と報告している。広瀬は、１９０２年

1月の時点では、いまだバイカル湖南岸を迂回する鉄道は完成していないことを確認した。これは日本陸軍にとっては極めて重要な情報である。ロシアはいまだシベリア鉄道をフルに活用して兵員・兵站の輸送ができないことが明らかになった。

広瀬の大陸横断旅行目的の第2は、日露の予想戦場である満州の寒さを実体験することである。広瀬は、バイカル湖横断後、ザバイカル鉄道を利用して東進を続け、スレチェンスクで下車した。

既に述べたように、広瀬はスレチェンスクで橇車を買い、これに乗り換えて、満州の酷寒を実地に体験することになった。2月12日、スレチェンスクを出発して雪原の中をハバロフスクへ向かった。広瀬は、アムール川左岸のブラゴベシチェンスクに到着するまで1度も投宿せず、橇車に乗ったまま、昼夜兼行で強行軍した。広瀬は、一昼夜平均50里（約200km）以上を走り、ロシア人でさえも驚くほどの速度で疾駆した。頑健な広瀬は、10昼夜半ほど橇車に乗り続け、そこでわずかに座りながら眠っただけだが、大して疲れなかったという。広瀬は、時間と旅費を惜しむのだった。

食糧にはパン、スープ、肉、茶、砂糖などを準備したが、強烈な寒気で全てが凍ってしまった。スープは凍ったものを必要な分だけノミで砕き、温めて飲み、肉も温める暇がなければ鰹節のように削り取って食べた。

下痢に悩まされたが、寒いのでお尻が凍傷にならないように3分以内に排便を済ますという教訓を得た。

2月18日、ブラゴベシチェンスクに到着、24日にブラゴベシチェンスクを橇車で出発し、ハバロフスクへ向かい、到着後橇車を手放した。28日にウスリー鉄道でハバロフスクを発ち、ウラジオストク、ニコリスコエ、ハルピン、奉天、大連、旅順経由で3月19日に長崎に到着、28日に帰京した。

広瀬の耐寒経験がどれほど陸軍（満州軍）の冬季作戦に生かされたのか定かではないが、前項の福島安正同様に、現代の日本人が忘れかけている明治期の軍人のスケールの大きい戦略的な発想と行動力を再認識すべきではなかろうか。

明石元二郎大佐によるロシアを攪乱するための謀略活動

日露戦争で明石工作が必要だった理由

日露戦争が迫り来る時点で、明治政府・参謀本部は「ロシアに対して『勝利』を得る方策」

をいかに考えたのであろうか。また「ロシアに対する勝利」という内容・中身は何だったのだろうか。私なりに考えてみたい。そのことが、日露戦争における明石大佐の謀略工作の意義や価値を正当に理解する上で必要なことだろう。

私は、これを考える上で「状況判断（decision making）」という思考方法を用いることにする。「状況判断」とは、第2次世界大戦において、米軍で開発された「作戦計画を立案するための思考方法」である。「状況判断」を行うのは、軍の指揮官である。指揮官といっても、テレビドラマ「コンバット」に出てくるサンダース軍曹（分隊長）のような下級指揮官からノルマンディ上陸作戦を指揮したアイゼンハワー大将（連合国遠征軍最高司令官）などの上級指揮官はもとより、アメリカの場合は軍の最高司令官である大統領までもが含まれる。「状況判断」とは、これらの各指揮官が作戦任務（勝利）達成のために、最良の行動方針（ベストの作戦のやり方）を案出するために行う思考・検討方法のことである。

第2次世界大戦において、米陸軍は開戦当初の16万人から最終的には約400万人にまで兵力を動員・拡大した。軍事についてはド素人の、動員されたばかりの〝インスタント将校〟に、まず教えなければならないのは「自分が置かれた状況（本人の地位・役割、敵、味方、地形等）の中で、上官から与えられた命令・任務を達成するためにはどんな思考・検討方法で行動方針（平たく言えば〝戦い方〟）を案出するか」であった。これすなわち、「状況判断」である。米軍は戦史研究者、哲学者、論理学者などの衆知を結集して「状況判断」のノウハウを研究・確立し、マニュアル化した。

古来、アレキサンダー、ハンニバル、シーザー、ナポレオン、楠木正成、徳川家康などの名将・軍事的天才達は、戦争のやり方に関する思考・検討方法を経験則に基づいて独自に創出したはずだが、米軍は科学的なアプローチで〝インスタント将校〟が誰でも手軽に活用できる「状況判断」のやり方を作り上げたというわけだ。米軍は現在も継続的に「状況判断」を改良工夫している。

現代の自衛隊や米軍の「状況判断」は下記の5段階から成る。この手法に基づいて、私が明治政府・参謀本部の立場から、日露戦争のための「状況判断」を簡単に行ってみたい。

☆第1段階「任務分析」

「任務分析」においては、「自己の任務を分析し、①作戦全般に占める自軍・自己の地位と役割、②必ず達成しなければならない目標、および③達成するのが望ましい目標」などを明らかにする。当時の最高司令官は明治天皇（参謀本部が補佐）である。天皇の立場から参謀本部が

「任務分析」を行えば次のようになったことだろう。

「ロシアの東方進出・侵略の動機は、第1に、バッファーゾーンの獲得であろう。ロシアは広大な領土を防衛する上で、国境付近に国土防衛に活用できる自然障害（大河や山脈）が少ないために、際限なくバッファーゾーンとなる領土の拡張を行うのが本性となっている。

第2は、植民地主義であろう。大航海時代（15世紀半ばから17世紀半ば）から20世紀後半にかけて列強は盛んに植民地を獲得し、互いに覇を競った。海洋国家の雄である大英帝国が世界の7つの海を支配し植民地大帝国を築いたほか、フランス、スペイン、ポルトガル、オランダなども植民地獲得に奔走した。東方への植民地獲得競争の最終争奪地が中国（清）、朝鮮、そして日本である。その日本は、明治維新以降「富国強兵」に邁進し、欧州列強に伍して大陸（朝鮮、中国・満州）への進出を開始しつつある。

海洋交通に恵まれないロシアが、西欧列強の植民地獲得を横目に、唯一可能な陸上ルートを通じてウラル山脈を越えシベリアを横断して中国の満州地域、さらには朝鮮を経て日本に触手を伸ばすのは自然と思われる。

ロシアの東方進出の足枷《かせ》となっていたのは輸送手段である。欧州の海洋国家による大航海時代を開いたのは、キャラベル船やキャラック船など大型帆船の建造と宙吊り式羅針盤の開発だった。同様に、大陸国家ロシアの東方進出に道を開くのは鉄道である。

ジョージ・スチーブンソンは1814年、初めて機関車を開発した。引き続き1830年、イギリスのリバプール・アンド・マンチェスター鉄道は、工業都市マンチェスターと貿易港リバプール間の約50㎞で、時刻表を用いて定期運行する世界初の営利鉄道事業（都市間旅客輸送鉄道）を開業した。以後、欧米各地で鉄道の建設が活発になり、1827年にアメリカ、1832年頃にフランス、1835年にはドイツでも鉄道輸送事業が開業した。そして、日本でも1872年、新橋駅と横浜駅間で鉄道が開通した。

ロシアのシベリア鉄道は1891年5月に建設が始まり、日露戦争中の1904年9月に完成した。ロシアはシベリア鉄道により、極東への領土拡張が可能となり、当初の満州・清国に続いて朝鮮半島にも触手を伸ばすのは必定。そうなれば、我が国は〝脇腹にナイフを突き付けられた格好〟になり、安全保障上ピンチに陥る。ロシアのシベリア鉄道建設こそが我が国にとっての脅威の根源なのだ。

このようなロシアの極東アジア進出に対処する上で、日本の戦略は2つある。第1は、日英同盟により西側からロシアの東進を牽制してもらう戦略。もう1つはシベリア鉄道完成前に、満州に進出しているロシア陸軍と旅順・ウラジオストクのロシア海軍を短期間に撃破し、ロシアの東方進出を断念させるという戦略である。

問題は、①満州に進出しているロシア陸軍と旅順・ウラジオストクのロシア海軍を短期間に撃破できるかどうか、②仮に極東のロシア陸海軍を撃破できたとしても、欧州のロシア中枢（ロマノフ王朝）が健在である限りは、ロシアの満州進出は際限なく継続されることになる。それ故、ロシアの極東進出意図の根源を断つためには、ロマノフ王朝（ニコライ2世帝政）を謀略・工作などにより潰すか、痛撃を与えて混乱させ、『外征（極東侵略）』を行える余裕をなくす（満州で日本と戦争する余裕を奪う）ための手立てが必要となる」

ちなみに、畠山清行氏は『秘録　陸軍中野学校』で明石元二郎の任務分析（状況判断）を次のように推測している。

「ロシアは大国で奥が深い。ナポレオンには、モスクワまで攻め込まれても降伏しなかった国である。仮に日本陸軍が、満州から攻め込んだとしても到底露都まで侵攻できるものではない。敵が飽くまで頑張りぬけば、武力では勝つことができないが、背後から国内を揺さぶる謀略工作なら成功の可能性がある」

余談だが、関東軍作戦主任参謀の石原莞爾が、ソ連の東方進出を阻止するためのバッファーゾーンを得る手立てとして満州事変（1931年）を企て、満州国を建国したのは、前記のような思考を辿った所産であろう。

☆第2段階「戦場と敵情の分析」

第2段階では、戦いの〝土俵〟となる戦場と敵情について分析し、敵の可能性行動や彼我の弱点を明らかにする。敵の可能行動としては、ロシア陸軍が満州軍と交戦しつつ順次ハルピンまで後退し、補給が限界に達した日本軍を殲滅《せんめつ》する戦略はもとより、バルチック艦隊の極東回航なども列挙していたことだろう。また、日本が付け入ることができるロシアの弱点を次のように分析していたはずだ。少なくとも児玉源太郎満州軍総参謀長、田村怡与造参謀本部次長、福島安正満州軍高級参謀（情報担当）などの日本陸軍の「頭脳」は、そのことを明確に理解していたはずだ。彼らが1902年8月に明石元二郎をフランス公使館付武官からロシア公使館付武官に転補する際には児玉、田村など参謀本部首脳からしっかりとロシアの弱点について伝授していたはずだ。明石も1903年8月にロシア公使館付武官に就任後は、自らも調査・研究してロシアの弱点（明石工作により「付け入る隙」）をさらに明確に理解したはずだ。

「日本と比較したロシアの国力は、面積60倍、国家歳入8倍、陸軍総兵力11倍、海軍総トン数1・7倍で、圧倒的に優勢である。一方の日本は、日露戦争を迎えたのは、明治維新以来たかだか30年余の頃で、「富国強兵」政策を進めてはきたもののいまだ不十分で、ロシアとの国力の懸隔《けんかく》はいかんともし難い状況であった。当面、戦費の調達が喫緊の課題であり、日本の国力では長期の戦争には耐えられなかった。

また、対馬海峡・黄海を越えての兵站輸送は最大の弱点であり、ロシア海軍（太平洋艦隊〔旅順艦隊と浦塩艦隊〕およびバルチック艦隊〔第二太平洋艦隊〕）から、常に脅威を受ける状況だった。

しかし、ロシア側にも致命的な弱点（日本が付け入る隙）がある。

第一に、ロシアが中枢部の欧州から兵力・兵站を満州に運ぶためには単線のシベリア鉄道（約9千㎞）に拠るのみで、大軍を運用するのは兵站上困難である。なおバイカル湖の南を迂回するバイカル鉄道は未完成（結果として1904年2月の日露戦争開戦から約半年後の9月

25日に完成）である。それゆえ、この迂回線のバイカル鉄道が完成する以前に開戦する方が適切である。

2つ目のロシアの弱点は内政問題である。まずは、ツァー（皇帝）の暴政に対する人民の激しい怨嗟である。当時のロシアでは、1861年の農民一揆により農奴制は廃止されたものの、収穫の半分は地主や貴族が収奪する慣行が続いていた。食えなくなった農民は都会に出たが、低賃金労働でこき使われる始末で、貧富の差は拡大した。ツァーを頂点とする貴族・地主は既得権益を守るため、軍により国民を弾圧している。そのため、悲惨な境遇にあえぐ農民や労働者の間ではツァーに対する怨嗟の声が満ち溢れている。

さらなる内政問題は、ロシアに支配・占領された国家・民族（フィンランド、エストニア、ラトビア、リトアニア、ベラルーシ、ウクライナ、ポーランド、コーカサス、中央アジア、シベリア、外満州など）によるロマノフ王朝に対する恨みである。これは計り知れないものがあり、『隙あらば』と独立の機会を狙っている。

このように、帝政ロシアにおいては内外の不平党（反政府党・勢力）の不平不満とレジスタンスの暗流が渦巻いているのが現状である。このようなロマノフ王朝の弱点を比喩的に言えば、『乾燥した枯れ草にマッチ1本投ずれば、燎原の火が燃え広がる』状態にあり、ロシア内外で暴動・混乱が惹起する環境が出来上がっている」

☆第3段階「我が行動方針」

第3段階では、任務達成のために実行可能な「我が行動方針」を列挙する。

明治政府・参謀本部は、上記の第1・2段階での分析と思考を通じて、日露戦争における日本帝国陸海軍の行動方針として、「満州に進出したロシア野戦軍の撃破、およびロシア旅順艦隊とウラジオストク巡洋艦隊の撃沈」が当面追求すべき目標であると判断したはずだ。しかし、これだけでロシアの極東進出を断念させ、終戦交渉に持ち込めるかどうか不安だったに違いない。

孫子は「戦いは、正を以って合し、奇を以って勝つ」と訓えている。この大意は「正攻法で戦略を立てて決して負けない状況を作り出し、いざ戦いが始まると奇策を使った戦術によって勝利を引き寄せる」というものだ。

日露戦争において、「日本陸海軍によるロシア野戦軍の撃破や海軍艦隊の撃沈」を「正」とすれば、もう一方で「奇」が必要になる。その「奇」こそが、明石大佐による「ロシア国内の騒擾化を図る謀略工作」だったのではなかろうか。

また、戦争を指導する首脳陣の陣容を見れば、日露戦争当時の政府・陸海軍首脳部（伊藤博文、山本権兵衛、山県有朋、大山巌、川上操六、桂太郎、児玉源太郎、田村怡与造、長岡外史、福島安正など）は明治維新の修羅場を潜り抜けてきた強者《つわもの》揃いで、「ロシア国内の騒擾化を図る謀略工作」の重要性をある程度理解できていたものと思われる。特に、長岡外史参謀次長は明石大佐からの矢の催促に応じ１００万円の工作資金を出すことを決定した。ちなみに、日露戦争当時の国家予算６億８０００万円に占める明石の工作資金１００万円の比率を２０１９年度の一般会計の歳出総額１０１兆４５６４億円に当てはめれば１４７０億円に相当する。

☆第４段階「各行動方針の分析」

「我が行動方針」と「敵の可能行動」を組み合わせて時間の経過に従いウオーゲームを実施する。これを通じ、それぞれの「我が行動方針」の利点や問題点・対策などが明らかになる。

このウオーゲームを通じ、浮かび上がった問題として、①ロシア旅順艦隊とウラジオストク巡洋艦隊を撃沈できなかった場合、満州軍への兵站支援ができないばかりか、バルチック艦隊来援時、日本海軍は不利な戦いを強いられること、②満州軍は奉天以北においてロシア軍と戦う場合は、兵站支援が十分に実施できないこと（奉天辺りが兵站支援の限界か）、③長期戦になれば国力が持たないこと――などが明らかになったはずだ。もちろん、これらの問題を解決する方策も検討されたことだろう。ただ、開戦以前の段階では、旅順港に立てこもるロシア旅順艦隊を連合艦隊が撃沈できず、陸軍により旅順要塞を攻略せねばならない事態になることは認識されていなかったようだ。

☆第5段階「各行動方針の比較」

この段階では、複数の「我が行動方針」の中から、確実に任務が達成でき、損害（死傷者など）が最小となるような「ベストの行動方針」を選び出すことになる。

日露戦争においては、「日露戦争を敢行する」と「日露戦争を回避する」という2つの行動方針があったはずだ。しかし、いったん「日露戦争を敢行する」ことを決断すれば、次は「いつ」という時期の問題がある。参謀本部としては、「バイカル鉄道完成以前に」という判断に傾いていった。

☆第6段階「結論」

「ベストの行動方針」を決定し、「1H5W」で表現する。作戦計画は、この「ベストの行動方針」に基づき、これを具体化して作成する。これについては、改めて述べるまでもない。

日本政府・参謀本部は上記のような判断で明石元二郎大佐に謀略工作を命じ、ロシア・欧州に派遣したのではないだろうか。たとえ、明確な状況判断ではなかったとしても、当時、明治維新と日清戦争で戦乱を潜り抜けた政府・軍首脳は胸の底で、明石工作が満州の広野における野戦軍の決戦と連合艦隊のバルチック艦隊との決戦にも比肩し得る重大な価値を持つことを薄々感じ取っていたのではないだろうか。

なお、この明石工作のアイデアについては、既にロシアに留学した田中義一の帰国報告書のほか、福島安正が単騎ユーラシア大陸を横断した際の報告書でも指摘したはずだ。前述したように、福島はポーランドのワルシャワを経て、リトアニア、ラトビア、エストニアのバルト3国を通過したが、かつては独立国家として繁栄していたこれらの国々は、福島通過時はロシア領となっていた。当時もロシアの弾圧に耐えながら、地下で独立運動が続けられていた。福島は、ポーランドやバルト3国の有り様を見て「日露間に戦端が開かれたら、これらの独立革命家を支援・煽動して、帝政ロシアを西（背後）から撹乱する策」があることに気付いたといわれる。情報将校の福島安正の帰国後の報告を通じ、政府・軍首脳の間に「帝政ロシアを西（背後）から撹乱する策」が周知・流布されていたものと思われる。

明石工作の実態

明石工作の全貌は明石自らの報告書『落花流水』に記されている。私はこれを基に彼の工作の要点について分析・論述することにする。

弱冠38歳の明石中佐は開戦約1年半前の1902年1月にフランス公使館付武官に、次いで1903年8月にロシアの首都サンクトペテルブルクのロシア公使館付武官に着任した。当時、日本にとっての国家的課題はロシアの満州進出対処であった。それ故、フランスに派遣された明石にとっても、ロシアとロシア軍の動向についての情報収集が主任務で、着任早々からロシア国内の情勢について研究・分析していた。その意味では、明石のフランス公使館付武官勤務は、期せずして、次のロシア公使館付武官就任への準備になった。当時、フランスはロシアの同盟国であり、ロシア情報の入手や国情研究には好都合の場所だったと思われる。

ロシアに対する情報収集活動は、明石の他にも駐英公使付武官の宇都宮太郎中佐（日英同盟という絆を活用）、フランス公使館付武官の久松定謨《さだこと》少佐、ドイツ公使館付武官の大井菊太郎中佐、アメリカ公使館付武官の竹下勇海軍少佐などにより広範に行われていた。

「なぜ」、いったんフランス公使館付武官として勤務していた明石が、任期半ばの約1年半で急遽ロシア公使館付武官への転任を命ぜられたのだろう。他に適任者はいなかったのか。また、

「誰が」、「いつ」明石に対して対ロシア工作を命じたのだろうか。

明石をフランス公使館付武官からロシア公使館付武官へ抜擢したのは、「今信玄」と呼ばれた田村怡与造参謀本部次長（1902年4月～03年10月）だったのではないだろうか。田村は軍事の天才といわれた川上操六参謀総長の愛弟子・懐刀で、川上が1899年5月に亡くなると、参謀本部第一部長（作戦担当）、次いで参謀次長として参謀本部を牽引した。田村は川上同様に日夜全身全霊で対ロシア戦略を練ったが、不幸にも日露戦争開戦直前の1903年10月に48歳で燃え尽きるが如く急逝した。

田村の後を継いだのは、児玉源太郎だった。児玉は、日露戦争開戦前には台湾総督のまま内務大臣を務めていたが、田村が急死したため、大山巌参謀総長から特に請われ、内務大臣を辞して格下の参謀本部次長に就任した。ただし、日露戦争のために1904年6月に新たに編制された満州軍総参謀長も引き続き務めた。児玉は、田村が死去する前に、明石をロシアに対する工作に使う構想を聞いていたのではないだろうか。田村の死により、10月から参謀次長の職務を引き継いだ児玉は、正式に明石に対して「ロシアに対する工作についての極秘命令」を公電で伝えたのだろう。

田村・児玉ラインが抜擢したとはいえ、現代のスパイ・駐在武官選抜の常識から言えば、戦争が切迫する中、準備期間もないままにロシアについて「門外漢」の明石をいきなり対ロシア工作任務に当てるのは無謀な気もする。川上、田村、児玉は明石をどのように評価していたのだろうか。

明石は、ロシア公使館付武官着任までに、ドイツ留学、仏印出張、米西戦争のマニラ観戦武官などの情報関連業務をこなしている。特に仏印出張（1896年9月から4カ月間）においては、川上参謀総長に随行し、台湾から広東、トンキン、安南（ベトナム）を視察した。川上はこの間、明石の人物を子細に観察し彼の情報・謀略などへの適性を確信したのではないだろうか。また、明石の人物評価については、様々な機会を捉えて、児玉や田村にもしかと伝えたことだろう。

とはいえ、人事はある種の賭けである。どうやって適材適所に人を選ぶかは、難問中の難問だ。日露戦争では、明石の他にもう1人、国家の命運を懸けた人事が行われた。それが、東郷平八郎を連合艦隊司令長官に抜擢した人事である。バルチック艦隊を撃滅した東郷平八郎は、歴史に名を遺す名将となったが、実はその直前には、舞鶴鎮守府司令長官という閑職にあり、予備役を待つばかりの境涯だったのだ。その東郷を連合艦隊司令長官に抜擢したのは海軍大臣の山本権兵衛だった。その人事を見て驚いた明治天皇が山本にその理由を聞くと、「東郷は運のいい男ですから」と答えたという。山本が好運を背負った東郷を司令長官に抜擢したことが日本海海戦の勝利につながった。

ロシアに対する工作に明石を抜擢した田村、それを引き継いで具体的に工作任務を明石に命じた児玉も、山本権兵衛と似たような思いや理由で選んだのかもしれない。明石はそれまで工作をやった経験はない。だが、田村と児玉に言わせれば「明石ならやってくれると思った」と言うに違いない。神ならぬ身、人間が決める人事では、その将来を100パーセント予測することなど不可能だ。

ロシアにおける謀略を、明石1人だけに任せるという決断にも疑問の余地はある。15を超える不平党(反政府党)を相手に、これを1つに纏《まと》めて煽動するとなれば、1人では手に負えないので、複数の武官で当たらせるという選択肢もある。だが、そうなると責任と権限が曖昧となり、一元的にタイムリーな決断や指導などができない恐れがある。また、工作要員が増えれば増えるほど、露探(ロシアの防諜組織・要員)に企図を暴露するリスクも多くなる。結果として、明石1人に委任したのは正解だった。

現代であれば、明石工作は防衛省と外務省の縄張り争いとなること必定であろう。外務省は「外交の一元化」を理屈に参謀本部と明石の工作を絶対に阻止するだろう。

明石はフランス公使館付武官に着任直後からロシアの国内情勢の研究に打ち込んでいた。前述の状況判断の「第2段階『戦場と敵情の分析』」でも述べたが、明石が「帝政ロシアを西（背後）から撹乱する工作」を行うためには、ロシアの国内情勢の研究を行うことは相手の弱点を明らかにする上で、極めて重要であった。

彼が研究したロシアの国内情勢の研究成果ついては、明石工作の全貌を書いた『落花流水』（参謀本部への報告書）の第一節から九節までのうちに、以下のように、半分以上を費やして書かれている。

第一節　ロシアの歴史
第二節　ロシアの土地及び農政、州郡会「ゼムストヴォ」
第三節　虚無主義、無政府主義、社会主義の起因、学説、活動
第四節　ロシア国内の不平党（反政府党）の類別
第五節　今日まで継続する諸運動に関係ある主なもの次の通り

このロシア研究こそが、明石による「帝政ロシアを西（背後）から撹乱する工作」につなが

っていくのだ。明石はむやみやたらに工作を進めたのではない。工作を行う上で付け入ることができるロシアの内情（弱点）を的確に分析・究明し、その計画を立案したのであろう。もちろん、参謀本部次長の長岡外史などの政府・軍首脳部は程度の差こそあれ明石の計画・戦略の意義や価値を十分に理解していたものと思われる。だから巨額の資金要請にも応じたのだ。

1904年2月、日露戦争が開戦すると駐ロシア公使館は中立国スウェーデンのストックホルムに移り、明石（当時の階級は大佐）は以後この地を本拠として本格的に工作活動を展開することになる。明石が工作を仕掛ける相手は多岐にわたった。

明石はそのことについて、『落花流水』の第四節で、「ロシア国内の不平党（反政府党）として、ロシア革命社会党、ロシア民権社会党（著者注：レーニンもいた）、ロシア自由党、ブンド党、アルメニア党、「ゲオルギー」党、レットン党、フィンランド憲法党、フィンランド過激反攻党、ポーランド国民党、ポーランド社会党、ポーランド進歩党、小ロシア党、白ロシア党、ガボン党（著者注：『血の日曜日事件』のガボン神父を戴いた党）の15個の他、ロシア政府に反抗の意を抱いているものはタタール人種、回教徒、旧教、小党小民族などがいて、これらを詳細に説明するのは難しい」と書いている。

これらの各党派は、帝政ロシアの「敵」であり、明石にとってはかけがえのない「味方」であり、工作の重要な協力者・戦友となる存在なのだ。しかし問題がある。これら各党派の間には軋轢があり、抜き難い猜疑心やライバル心が存在し、簡単には一枚岩になれないというのが現実であった。ところが、日露戦争勃発という事態が、これら四分五裂した各党派を結集させる契機となるのだ。

私は、明石の工作の実態は「二人羽織」に似ていると思う。「二人羽織」とは、袖に手を通さずに羽織を着た人の後ろから、もう1人が羽織の中に入って袖に手を通し、前の人に物を食べさせたりする芸のことだ。明石工作では、「二人羽織」の「袖に手を通さない役」の不平党（反政府党）を「袖に手を通す役」の明石が、背後から使嗾・煽動することになる。このような不平党（反政府党）相手の工作は、明石にしてみれば隔靴掻痒《かっかそうよう》の思いをしたことだろう。

だが、あくまでも、明石が主人公になってはいけない。もしも、明石が主役を演ずることが公になれば、ロシアとの終戦交渉時にニコライ2世からの反発を招くほか、ロシアの不平党（反政府党）も人民大衆の支持を失ったことだろう。

明石は、自らが工作をしていることを一切表に出さず、不平党（反政府党）の自主性に任せることを建前としながらも、彼らの反ロシア運動を陰で支援・煽動するという微妙な匙《さじ》加減をする必要があった。

明石の工作の3本柱は①不平党が一堂に会する会議の実施（2回）、②武器の提供、③資金の提供――であった。明石が不平党各派をつなぎ止める〝切り札〟は「③資金（機密費）の提供」であったのは事実だ。地下に潜って反ロシア闘争を行う不平党各派にとって資金を得ることは困難であり、明石が対ロシア工作を行っている可能性を承知しつつも、金を出す稀有なスポンサーとして関係を維持することに努めたのだろう。工作にはふんだんな金が必要なのだ。

明石は、不平党を一枚岩にまとめるために各党派が一堂に会する会議を2度も行った。会議を行うことにより、「反ロシア政府・ツァー」に向けて、四分五裂したベクトルを結集し、その運動・破壊エネルギーを合一し、かつ、起動・活性化することを目論んだ。

会議の実施については、明石はあくまでも水面下で隠密裏に主導し、フィンランド人のシリヤクスが各党派の斡旋役を務めてくれた。明石の参謀長ともいうべき役割を演じ、工作を成功に導く原動力ともなったシリヤクスとはどんな人物だったのか。

シリヤクスはフィンランド人で、ロシアからの独立運動のリーダー的存在で、多数の本を出版する知識人でもあった。1901年、ロシアは、フィンランド語を禁止しロシア語を公用語とする法律、議会・集会の禁止の法律、フィンランド国内でのロシア人の商売の自由を強要する法律を作った。これに対して、シリヤクスは先頭に立って反対したため、オフラーナ（ロシアの秘密警察）から追われる身となりストックホルムに逃れて、日露戦争開戦当時は、反ロシアの地下活動に邁進していた。

シリヤクスは１８９３年から２年半日本に滞在したが、この間に日本は、超大国の清と日清戦争（１８９４年７月から95年４月）を戦った。シリヤクスは明治維新後初の対外戦争で、日本政府・国民が挙国一致して難局に当たる様子を具《つぶさ》に見て、そのポテンシャルの高さに驚いたことだろう。祖国が、ロシアの支配下にあるシリヤクスは、格別印象深く受け止めたに違いない。シリヤクスは、次の戦いである日露戦争でも、当然、日本は善戦敢闘するに違いない、と考えたことだろう。シリヤクスは、『日本研究と素描』という本を出版（１８９６年）するほどの日本通・親日家になった。

そのようなわけで、シリヤクスは、日露戦争開戦はフィンランド独立にとって千載一遇のチャンス到来と受け止めたことだろう。そんな折、明石が彼に面会を求めているという情報が伝わったのである。明石とシリヤクスが「反ロシア」でタッグを組むのはけだし必然的且つ運命的と言うべきであろう。

前述のように、明石の工作で重要な柱の一つは不平党各派を招集した会議を行うことであった。明石は、工作期間中に２度の会議を実施した。第１回目は１９０４年10月にパリで実施した。議長はシリヤクスが務め、各党派の意見をうまく集約し「各党派がそれぞれ得意とする分野、手段で運動を展開する」ことで合意した。

もちろん、明石は会議には顔を出さず、シリヤクスを通じ動向を承知した。明石は抜かりなく各党派が喉から手が出るほど欲しがっている資金援助を約束した。

会議の効果はすぐに表れた。ポーランド社会党は労働者のストライキを指導し、それを鎮圧しようとした憲兵隊、軍隊と衝突した。これが、抵抗運動展開のいわば引き金となり、全国に騒乱が燃え広がった。ロシア革命社会党はキエフ、オデッサ、モスクワの各都市でデモ行動を指導し、さらに大学生を煽動して騒乱を拡大した。ロシア自由党も州郡会、代言人会、医師会の集会を催し、政府を攻撃し、言論によって激しい揺さぶりをかけた。コーカサス地方では、官吏の暗殺が1日に10件を数えた。ここに至って、パリ会議には参加しなかったロシア民権社会党も工場労働者にストを呼びかけた。

圧巻は、「血の日曜日事件」であろう。１９０５年1月9日、首都サンクトペテルブルクでガボン神父率いる労働者約6万人が、皇宮へ向って平和的な請願行進している最中、政府当局に動員された軍隊が発砲し、１０００人以上の死傷者を出した。これが、ロシア第一革命のきっかけとなった。この事件は、ロシア皇帝を震え上がらせ、ロシア政府の威信失墜を内外に印象付けた。

　抵抗運動は、ロシア軍の満州への動員阻止の効果ももたらした。血の日曜日事件以降、ロシアでは抗議ストライキやデモが続き、東部・中央・西部ロシア、並びにポーランド、コーカサス地方では、抵抗勢力によって、動員されるはずだった軍部隊が行く手を阻まれた。また、ゲオルギーでは、動員妨害を鎮圧するために派遣された歩兵中隊が包囲されたため、コーカサス第1軍の動員は不可能となった。さらにポーランドでも常設の軍団が戦場に赴くことができなくなり、フィンランドではロシア政府地方官の暗殺が続いた。

　第1回目の会議以降、ロシア、ポーランド、フィンランドなどで盛り上がった各党派による反ロシア政府騒乱は、ロシア軍の東方増援を阻んだことで、黒溝台会戦（1905年1月）、奉天会戦（1905年3月）で満州軍にプラスの影響を与えたことは明らかだ。

　2回目の会議は、1905年4月にスイスのジュネーブで行われた。会議にはロシア革命社会党、ポーランド社会党、ドロシャク党、サカルトヴエロ党、白露党、レットン党（テロ活動を得意とする）のほか、ロシア民権社会党、ブンド党（ユダヤ人労働者の秘密結社）が新たに参加した。会議では「あくまでも抵抗運動を継続し、夏季をもって武装蜂起を起こすこと」を決議した。この決議により、明石は、武器の調達を迫られることになった。

第2回会議から約1カ月後に行われた日本海海戦（5月27・28日）では、連合艦隊がバルチック艦隊を撃滅した。この時点で、明石の胸中には「連合艦隊がバルチック艦隊を撃滅しただけでは満足できない。同艦隊を撃滅したとはいえ、満州軍は奉天会戦で攻勢の限界に達し、これ以上戦う力はない。ロシア皇帝をして戦いを断念せしめ、終戦交渉を有利に運ぶためにはさらなる工作による暴動、内乱、騒擾などを引き起こして圧力をかける必要がある」との思いが強かったに違いない。

明石は、第2回会議で「夏季（7月から8月）に武装蜂起を起こすこと」を決議したことを受け、小銃と弾薬の買い付けに奔走した。明石はスイスで武器弾薬（バルト海方面用に小銃1万6000丁、弾丸約300万発、黒海方面用に小銃8500丁、弾丸120万発）の購入契約に成功した。貨車8両分ものこれら小銃・弾薬を列車でスイスからオランダのロッテルダムに送りそこから輸送船に積み替えてバルト海や黒海経由で反ロシア政府の各党派に届ける作業は紆余曲折があり難渋を極めた。小銃や弾薬を不平党各派に引き渡す作業は、バルト海方面で一部達成できたが、黒海方面も含め全てを引き渡したのは日露講和条約締結（9月5日）の後で、明石が欧州から日本に帰国したあとのことだった。しかし、ロシア帝政側にしてみれば、不平党（反政府党）各派に武器弾薬を配送（入手）する動きがあることを察知し、衝撃を受けたはずだ。このことで、ツァーの心理に大きな圧力が加わったことは間違いなかろう。

5月の日本海海戦でバルチック艦隊が撃破された直後にも、ニコライ2世へ心理的な打撃を与える事件が引き起こされた。6月27日、ロシア海軍の黒海艦隊の戦艦ポチョムキンの乗組員が反乱を起こして艦を乗っ取るという事件が起こったのだ。クリミア半島西部の海上で蜂起した水兵は、艦長以下の士官を殺害し、艦を占領して人民委員会の管理下に置いた。その日の深夜、黒海北西岸の最大の商業港オデッサに入港し、ツァーに宣戦にした。

事件の発端は、食事のボルシチに入れる肉が腐ってウジ虫がわいていることに怒った水兵たちが戦艦ポチョムキンを占拠したことだが、注目すべきは、皇帝に絶対の忠誠を誓うはずの海軍兵士にまで不平党の強い影響が及んでいたことである。明石の工作が、不平党を通じて、この事件にまでつながったと見ることができるのではないか。

ニコライ2世はポチョムキンの反乱を危険なものであると見なし、黒海艦隊司令官のチュフニーン海軍中将に対して「速やかに反乱を鎮圧し、最悪の場合には反乱艦を全乗員ごと撃沈すべし」とする指令を与えた。ポチョムキン号は1週間にわたり黒海上をさまよった挙げ句、ルーマニアのコンスタンツェ港に入って武装解除され、水兵の大部分は逃亡した。

水兵による反乱は失敗したものの、これによりロシア政府の権威は失墜し、皇帝に忠実なはずの軍隊にまで革命の一揆が起こるという現実を見せつけた。ニコライ2世は「足元」のロシア西部で内乱や内戦が勃発し、拡大する可能性を恐れる事態に直面することとなった。内乱内戦が勃発、拡大すれば、ニコライ2世は、満州における日本の満州軍との戦いのみならずロシア国内の反政府勢力との「2正面作戦」を余儀なくされる。明石1人による工作はこのような展開を見せ、ニコライ2世の戦争継続の意思を打ち砕く成果を挙げた。

戦艦ポチョムキンの反乱直前の6月12日、ついにニコライ2世はルーズベルト米大統領の講和交渉提案を受諾する羽目になった。その後、アメリカのポーツマスで行われた講和会議は、1905年8月10日に開始され、9月5日に日露講和条約の調印がなされた。明石が日本海海戦勝利後も手を緩めずに工作を継続した成果が、日露の講和会議で有利に働いたことは言うまでもないだろう。

明石の功績について、参謀次長長岡外史は、「明石の活躍は陸軍10個師団に相当する」と評し、ドイツ皇帝ヴィルヘルム2世も、「明石元二郎1人で、満州の日本軍20万人に匹敵する戦果を上げている」と称えたといわれる。

1905年のロシア第一次革命がドミノのように1917年の第二革命につながったと見なせば、明石の工作はその後のソビエト政権誕生の産婆役の一端を担ったことになるのではないか。もしもそうなら、明石の工作はとてつもない「副産物」までも産んだことになる。

これまで述べたように、日露戦争のインテリジェンスに関わった3人の駐在武官はもとより、中村天風と石光真清にも共通しているのは「祖国のためには命を惜しまず、あらゆる艱難《かんなん》辛苦《しんく》を乗り越えて任務を達成しようとする固い決意とひたむきな情熱と志を持っていたこと」ではないか。

彼らは、後の陸軍中野学校のようなところで特別な教育や訓練を受けたわけでもないが、自身の発想・工夫・努力で道を開いた。このような成功の陰には、石光真清を助けた「お花」や、中村天風を助けた「ハルピンお春」のような歴史に名をとどめない多くの草莽の人たち、さらには明石を助けたシリヤクスのように、ロシア皇帝・政府に抗う各党派や人民がいたのだ。スパイは決して一人ではできない。スパイを支える現場（敵地）の人たちをはじめ、遠く本国から通信や資金などを支援する情報機関・組織などの総合力がものをいうのだ。

また、日露戦争当時の政府、参謀本部、海軍軍令部の要人たちは、情報と兵站の重要性を深く理解、認識していた点も注目に値する。

第8章

大東亜戦争時の駐在武官——「諜報の神様」と呼ばれた男

本章の冒頭に、今後日本がスパイ制度を採用することに関して、私の「考え（所信）」を申し上げておきたい。

それは、「公然のスパイである駐在武官（日本では防衛駐在官）や外交官は、非公然のスパイと同様、否、場合によってはそれ以上に、ヒューミント能力を発揮できる。それ故、現下の世界激動期においては、日本が戦後レジームから脱して、新たな国家情報機関（ＪＣＩＡ〔日本版ＣＩＡ〕）を創設し、スパイを育成・派遣（時間がかかる）するまでの『つなぎ』として、防衛駐在官や外交官など既存のヒューミント能力を最大限に発揮できるようにすべきだ」ということだ。

駐在武官が戦時下の厳しい防諜体制下にあっても、素晴らしいヒューミント活動ができることは、既に日露戦争において明石元二郎大佐の活躍が証明してくれた。これに加え、本稿では、産経新聞論説委員の岡部伸氏の『「諜報の神様」と呼ばれた男』（ＰＨＰ研究所）や小野寺信少将夫人・百合子氏の『バルト海のほとりにて』（朝日文庫）などを元に、旧帝国陸軍駐在武官の小野寺信少将が展開した素晴らしいスパイ活動の一端について紹介したい。

旧帝国陸海軍の駐在武官の中で、否、世界の駐在武官の中でも小野寺信ほど傑出したスパイ活動を展開した人物はいないのではないか（明石元二郎の活躍は言うに及ばないが）。その活躍ぶりは、稀代のスパイであるゾルゲやトレッペル（赤いオーケストラと呼ばれ、ナチス・ドイツ占領下のヨーロッパに展開したスパイ網を指揮したソ連のスパイ）などに勝るとも劣らない。

小野寺信のスパイとしての世界的な評価について、岡部氏は前掲書の序文で次のように述べている。

「英国立文書館には、マタ・ハリからチャーリー・チャップリンに至るまでＭＩ５（英国の防諜機関）が監視して調査した人物の個人別ファイル（ＫＶ２）があるが、小野寺のファイル（ＫＶ２／２４３）もある。日本軍の駐在武官の中で個人ファイルがあるのは、小野寺ただ一人である。そして、ＭＩ５のリッデル副長官が書いた日記に登場する日本の武官も小野寺をおいて、ほかにはいない。対ソ諜報の第一人者である陸軍中野学校の初代校長を務めた秋草俊や、『命のビザ』を出して６０００人のユダヤ人を救った外交官であり、情報士官であった杉原千畝のファイルはない。

英国立公文書館に残された機密文書は、小野寺が欧州で孤軍奮闘して連合国の脅威となるインテリジェンス（活動）を行っていたことを物語っているのである」

小野寺信が「諜報の神様」といわれるゆえんは、英国の諜報機関から要注意人物としてマークされたからだけではない。ヒューミントにより、「日本の命運に関わるウルトラ情報」をスクープしたからだ。このウルトラ情報とは、「ヤルタ密約」の中の日本関連部分で「ソ連はドイツ降伏より、3カ月を準備期間として、対日参戦する」というものだった。

当時有効だった日ソ中立条約を破棄して参戦するというソ連の裏切り行為に、小野寺は驚愕した。小野寺は、「最悪の場合はポーランドなどの東欧諸国のように、祖国日本が世界地図から消える可能性がある」と思ったことだろう。

この情報は、即刻東京に打電したが、結果としては、陸軍参謀本部内で握りつぶされてしまった。岡部氏も八方手を尽くして「誰が、なぜ握りつぶしたのか」を究明しようとしたが依然不明のままだ。

参謀本部は、小野寺からのウルトラ情報を得つつも、それを生かさず、不毛の（「笑止千万」と言うべきか）ソ連仲介による終戦工作を期待し続けた。当時の陸軍中枢は「情報軽視病」に取りつかれ、小野寺のウルトラ情報の重要性が分かっていなかったのかもしれない。

小野寺はこのウルトラ情報を前提に、参謀総長宛てに電報を送り「モスクワを仲介した平和工作の動きがあるようだが、これは帝国の将来の為、最も好ましからざること」と諌めたといわれるが、それも黙殺されたようだ。

いずれにせよ、小野寺のウルトラ情報の価値は、ゾルゲが尾崎秀実やドイツ大使のオットーなどから得たウルトラ情報——1941年7月2日の御前会議で決定された南部仏領インドシナへの進駐（いわゆる南進政策）のほか、独ソ戦（バルバロッサ作戦）開戦に関するドイツ側の開戦予定日と意図など——にも匹敵するものであったのは申すまでもない。

小野寺と明石の評価に決定的な違いが生ずるのは、両者のスパイ・工作の成果を、参謀本部が生かしきれたか否かであろう。明石の成果は生かされて勝利につながったが、小野寺の成果は握りつぶされ、日本は無残な敗北を迎えたのである。誠に残念なことだ。明治の参謀本部の指導者たちと昭和の参謀本部の指導者たちとは、その見識や情報センスに雲泥の差があったのだろう。

小野寺はいかにしてこのようなウルトラ情報を手に入れる態勢（ヒューミントネットワーク）を作り上げることができたのだろうか。妻の百合子氏はその著『バルト海のほとりにて』でこう述べている。

「情報活動に最も重要な要素の一つは、誠実な人間関係に結ばれた仲間と協力者を得ることである。この点、夫はストックホルムばかりでなくバルト諸国でも上海でも（筆者注：１９３９年、小野寺は自前の特務機関を構え、武漢に籠もる蔣介石との直接交渉の道を開くために工作を行った）、内外人ともまたとない幸運に恵まれた。年齢を越え、国境を越え、人種を越え、それぞれが祖国のためという固い信念の上に、さらに厚い友情に結ばれた人間関係は尊いものである」

また、岡部氏はユーチューブの「チャンネルくらら――『諜報の神様 小野寺信とは 日本人だけが知らないインテリジェンス』」に出演し、小野寺のヒューミントの極意についてこう指摘している。

「小野寺は、『小野寺に協力しよう』と思わせる、優れた人間的魅力（誠実さや信義など）を持っていた。また、彼は『聞き上手』でもあった」

百合子夫人が「（ヒューミントネットワークの構築する上で）内外人ともまたとない幸運に

恵まれた」という意味について触れておこう。

小野寺は1935年12月、ラトビア公使館付武官を発令された。ラトビアを含むバルト3国は西欧の対ソ最前線であり、各国の諜報活動が盛んであった。バルト3国の重要性を認識した小野寺は参謀本部と外務省にかけ合い、隣国のエストニアとリトアニアの公使館付武官をも兼務するようになる。バルト3国の軍の参謀当局は地の利はあったが資金面から諜報範囲が限られていたため、日本側が必要な諜報活動費を援助した。小野寺はこの間に出会ったポーランド、バルト3国、ハンガリー、フィンランドなど、ソ連の脅威に晒される国々の情報任務にある軍人達と強固な人間関係を確立した。このことが次のステップ（スウェーデン公使館付武官）につながるのだ。

小野寺は、1938年6月に任務を終えいったん帰国した。当時、欧州情勢は風雲急を告げ、1939年9月のドイツ軍によるポーランド侵攻で第2次世界大戦が勃発した。ポーランドは独ソに分割・占領された。また、1940年3月には、ソ連はフィンランドに領土を割譲させ、さらに1940年8月にはバルト3国を併合した。一方のドイツも、1940年春、ノルウェー、ベネルクス3国、フランスなどを次々と攻略し、ダンケルクの戦いで連合軍をヨーロッパ大陸から駆逐した。

小野寺は、このような戦乱の最中の欧州に、１９４０年11月、中立国スウェーデンの公使館付武官に発令され、翌年1月、ストックホルムに着任した。大東亜戦争開戦まで1年足らずというタイミングだ。こんな慌ただしい戦時下の環境ではあったが、小野寺のヒューマンネットワークはすでに出来上がっていた。

それは、バルト3国公使館付武官時代に培ったポーランド、エストニア、ハンガリー、フィンランドなどの情報任務の軍人達が期せずして中立国スウェーデン（ストックホルム）などに亡命していて、ソ連情報はもとより、連合軍の情報までも小野寺に提供できる仕組み（ヒューマンネットワーク）が自然に出来上がっていたのだ。

ポーランドはドイツとソ連に分割・支配されたほか、エストニア、ハンガリー、フィンランドなどはソ連に占領あるいは領土割譲させられた。これらの国々の亡命政権はソ連の支配圏内に情報源を持っており、ソ連情報を入手できるのみならず、連合国側に与しているので米英などの情報にも通じていた。特にポーランドは仇敵ロシアを日露戦争で打ち破った日本には陣営を超えた格別のシンパシーを持っており、連合国に与しながらも米英を裏切って小野寺に連合国側の情報を提供した。

また、小野寺はこれらの情報をドイツとは物々交換（give and take）という形で、独ソ戦に関する精度の高い情報も入手できた。

このような情報活動・収集を可能にしたのは、小野寺が、さながら鉄片を引き付ける強力な磁石のような人間的魅力を備えていたからだろう。偶然にもこのようにストックホルムでの駐在武官活動が順調に運んだことを、百合子夫人は前掲の著書で「(誠実な人間関係に結ばれた仲間と協力者を得ることにおいて) 内外人ともまたとない幸運に恵まれた」、と謙遜して述べられたのだろう。

ヒューマン・ネットワークを作る上で百合子夫人の力も大きかった。バルト海で取れる海産物を主体に日本料理に腕を振るい来客をもてなした。また、機密電報を暗号化する仕事――ワンタイムパッドと呼ばれる使い捨て乱数表を使用――も百合子夫人の任務だった。私の場合も駐韓国防衛駐在官当時、妻の協力なくして任務達成はできなかった。

「国防と外交は車の両輪」といわれるが、小野寺が活躍したストックホルムの日本総領事館においては「両輪」の回転は整合が取れていなかった。「ヤルタ密約」で、ソ連参戦まで残された時間はあと3カ月しかないことを知った小野寺はスウェーデン王国を通じた平和工作を企図した。折しも、1943年10月、3カ月もの潜水艦の長旅を冒して扇一登海軍大佐がストックホルムにやって来た。小野寺と扇はスウェーデン王国を通じた平和工作を行うことで意気投合した。小野寺は扇を海軍武官として迎えようとしたが臨時海軍武官の三品伊織大佐（扇より海軍兵学校2期後輩）と組んだ岡本季正公使からビザの発給を妨害され、スウェーデン王国を通じた終戦工作の機会を逸した。当時、在外公館では外交官と駐在武官はオフィスを別々に構え、通信も資金も別々で、激しく対立するのが常態だった。

ちなみに現在は防衛駐在官は「もっぱら外務大臣在外公館長の指揮監督に服する」（「防衛駐在官に関する覚書」（2003年5月7日））こととなっており、通信も資金も一元化されている。しかし、縦割り行政で省益最優先の弊害は依然根強く、「省益ではなく国益」という視点から見れば、防衛省と外務省の利害が生じやすい防衛駐在官制度は抜本的に見直すべきではないだろうか。

第9章

筆者自身のスパイ事件、その顚末

福山大領（一佐）による「スパイ事件」!?

1993年6月8日、私は3年間の在韓国防衛駐在官の任務を終え、帰国した。成田空港に飛行機が着陸した瞬間「無事に帰れた!!」と心が高揚し、なぜか、全身からどっと汗が噴出したのを覚えている。「千日間余を際どくも全力で駆け抜けたが、韓国当局から指弾されることもなく、ついに無事に帰国できた」という思いが潜在的にあったのだろう。

ところがドッコイ、そのまま無事には終わらなかった。帰国直後、当時フジテレビのA支局長と韓国国防部の情報将校高永喆海軍少佐（当時）がスパイ容疑で韓国当局に逮捕された（高氏については、のちに事件に関する著書を実名で発表していることもあり、本書でも実名で記述する）。金泳三文民政権の新しい空気の中で、韓国のメディアは一斉に「日本大使館武官福山大領（一佐）によるスパイ事件」と、まるで私が黒幕として、逮捕された2人をコントロールしていたかのようなニュアンスで一斉に書き立てた。A支局長逮捕を報じた7月14日付『朝鮮日報』は一面トップで「日本のA記者拘束、機密27件日本武官に渡す」と題し、次のように報じている。

「A支局長は、軍事機密を入手すると、陸軍武官福山隆1陸佐などに電話で知らせたあと、これを伝達するなど、取材活動を逸脱し、軍事上の諜報活動をした嫌疑を受けている」

事件が報じられた朝、私はいつものようにトイレに新聞を持ち込んで読んでいた。社会面まで読み進むうちに、「日本の防衛駐在官、韓国でスパイ事件」という見出しの記事を見つけた。一瞬のうちに、さまざまな思いが頭の中を駆け巡った。逮捕された2人に対しては大変申し訳ないが、「最も恐れていた事態ではなかった」という安堵感のほうが強かった。

なぜなら、この事件に私は主導的には関与していなかったからだ。私は結果的には情報をいただいてはいたが、それは私が自ら彼ら2人に積極的に働きかけてやったものではなかった。2人に対しては心から同情はしたが、私が本当に〝お世話〟になったほかの方々に累がおよばなかったことでいささかホッとした、というのが偽らざる心境だった。

我が国の新聞、メディアの世界においては、戦後の良き伝統として、「ペンの独立」が確立されている。従って、A支局長はすべて自らの信念で活動されていたことを私はここで明らかにしておきたい。A支局長が私と会うのは、当然のことだが、朝鮮半島情勢などについて意見交換をするのが主目的であった。支局長の逮捕後、私は、支局長のお父様から、切々とその心痛を訴えるお手紙や電話をいただいた。私は、2人に申し訳ないと思い、八方手を尽くしてなんとか少しでも救いの手を差し伸べられないだろうかと、あれこれ思案した。ある有力な方に相談もした。しかし、私のような者の立場ではいかんともし難いことを悟り、無念にも沈黙するほかなかった。

私は、高海軍少佐とは韓国で1度だけ会ったことがある。私が他用で、韓国のあるホテルに行った際、偶然ロビーでA支局長に出会い挨拶した。それはまさに、高海軍少佐が結婚式を終えた直後で、A支局長と一緒にいるところだった。同少佐を紹介されたが、迂闊にも同少佐がいかなる人物なのか、その時はとっさに気が付かなかった。

高元海軍少佐と再会したのは、事件後10年以上もたった頃であった。当時私は、東京から遠く離れた佐賀県の目達原にある陸上自衛隊九州補給処に勤務していた。再会は、電話を通じてのものだった。高元海軍少佐は、受話器越しに、日本に来ていることと生活の様子を伝えてきた。

その後、実際に彼に会ったのは、東京に出張した時だった。市ヶ谷のホテルのロビーで彼と話して、初めて彼の人となりがよく分かった。礼節などの徳義から見て、韓国海軍将校の模範のような男だった。また、向学心に燃え、日本の大学の修士課程への進学を希望していた。

日・韓・米の緊密な関係の重要性についても、確固たる信念を持っていた。

彼は韓国海軍士官学校から海軍大学を出た、生粋の海軍将校で、仁川港を母港とする韓国海軍第2艦隊所属の高速艇隊長として北朝鮮の不審船（武装スパイ船）を発見、追跡し撃沈したこともある「文武両道」歴戦の勇士であった。また、高元海軍少佐は、国防省海外情報部で日本担当官のほかに北朝鮮担当官も経験し、北朝鮮海軍についての知識も豊富だった。私は、自衛隊退官後米国に遊学したが、渡米前には、スパイ事件について2人で語り合うことはなかった。

高元海軍少佐はその後、佐藤優氏との共著で『国家情報戦略』（講談社＋α新書）を上梓したが、この本のなかでスパイ事件のことを詳しく書いていた。私が今まで知らなかった事実や、高氏の苦悩などが連綿とつづられていた。これを読んだ私は、名状し難いやるせない思いに捉われた。

「順調かの様に見えたわたしの軍人生活が暗転したのは、忘れもしない1993年6月24日だった。

（中略）

『高少領！　直ちに私の部屋に出頭してくれ！』

何らかの特命が下りるのではないか――。胸騒ぎがして、高鳴る鼓動を抑えながら上官の部屋に足早に向かった。

すると、現役将軍（少将）である上官は、今まで見たこともない険しい表情で、いきなり私の階級章を奪い取って大声で怒鳴った。

『少領は日本のスパイか？』

『部長！　何をいっているのですか。わけがわかりません。一体、どういうことですか？』

『高少領が日本のスパイじゃないとしたら、これから当局に積極的に協力してくれたまえ』

事態が飲み込めず、呆然と立ち尽くす私に、少将は続けた。

『当局に行けば、理由が分かるはずだ』

それから間もなく、私は捜査員に連行され、連日、夜通しの尋問に耐えなければならなかった」

私はこのくだりを読んで、高元海軍少佐の無念を思うと、胸が締め付けられるようだった。

では、なぜ韓国はこのようなスパイ事件を〝作り上げた〟のか。私なりにこの事件の背景や真相について分析を行った。私は当初、この事件摘発の背景について、「軍部主導説」であると推論し、次のようなシナリオを考えていた。

初の文民政権とKCIAが手を組んだ

事件摘発当時、韓国においては、長い軍事政権が続いたあとの初めての文民大統領である金泳三の登場で、韓国軍に対する積年の世論の恨みや反発などが顕在化しつつあった。とくに韓国軍に対し情報公開を求める圧力が高まりつつあった。当初、私は、韓国軍が情報公開の圧力を回避するための手段としてこの事件を世に出したのが真相ではないかと考えていた。また、摘発のタイミングは、外交官特権を有する私の帰国直後にしたものと考えた。

一方、高元海軍少佐は同著の中で、私の見方とは異なった見解――「金泳三大統領と国家安全企画部（ＫＣＩＡ）主導説」だと説明している。以下、『国家情報戦略』から抜粋引用する。

佐藤優：当時の金泳三政権としては、事件を作ることで何を狙っていたのでしょうか。

高：背景にあったのは、軍の情報機関と政府の安全企画部との間に深い溝があったという事実です。朴正煕、全斗煥、盧泰愚と三代続いた軍事政権時代、政府の情報機関である安全企画部は、軍の情報機関（国軍保安司令部）に牛耳られて来ました。長年のそうした歪んだ関係は、安全企画部の中に抜き差しならない劣等感を植え付けていたのです。そして、その劣等感に火をつけたのが、金泳三政権の誕生でした。

文民政権である金泳三政権になると、安全企画部は露骨な「軍事バッシング」を始めました。しかも、金泳三大統領自身にも軍部に対する劣等感と嫌悪感があって、政治的に軍部を牽制する必要性も加わり、バッシングはエスカレートしていったわけです。

一方で、軍事政権から文民政権へと移ったことは、軍部の中に不満を燻らせる結果にもなりました。軍部の不満を察知した金大統領は、将来起こりうる軍部の抵抗（筆者注：クーデターなど）や反発が、政権の政治基盤を脅かしかねないと危惧したのですね。さらに、軍隊経験のない金大統領に「文民出身の大統領」という弱いイメージがあったことから、政治的に軍を掌握しているのだという印象を国民にアピールする必要がありました。

加えて、軍事政権によって、30年以上にわたり政治的に蚊帳の外に置かれていた金大統領には、過去の軍事政権に対する強烈な報復願望があったのです。この大統領の願望と安全企画部の怨念が、「軍部の粛清」という形になって表れたわけです。

高元海軍少佐の説明を私なりに補足したい。5・16クーデターで政権を掌握した朴正煕の支配体制を支えたのは、軍の情報機関――国軍保安司令部（KCIC、のちに機務司令部へと変遷）と中央情報部（KCIA、のちに国家安全企画部〔ANSP〕から国家情報院〔NIS〕へと変遷）であった。朴大統領政権下では、KCIAが優位を占めていた。

ところが、1976年10月、朴大統領はこともあろうに、最側近であるはずのKCIAトップの金載圭部長に射殺された。これを契機に、1979年12月、粛軍クーデターにより誕生した全斗煥大統領は、朴大統領を殺害したKCIAに対する懲罰の意味と、クーデター当時自らが司令官（少将）として任じていたKCICに対する愛着からか、KCICをKCIAの上位に位置付けた。

縦割りの行政組織が自己主張する以上に、情報機関同士の縄張り争いは熾烈である。KCICの「風下」に置かれたKCIAの怒りと屈辱が窺い知れる。KCIAは、ひそかに「打倒KCIC」の策を胸に秘め、文民大統領誕生の到来を待っていたのだ。

自らが過去に厳しい弾圧を加えられた金泳三は、本来はKCIAとは敵対関係にあった。しかし、大統領当選後、金泳三は政権維持のためにKCIAと手を組んだものと思われる。そして、金泳三とKCIAの共通の敵で、クーデターさえもやりかねない韓国軍とその情報機関のKCIを徹底的に叩いて、「牙」を抜こうとしたものと思われる。両者は、韓国軍とKCIのメンツをつぶす〝決め手〟として、「日本の防衛駐在官によるスパイ事件」を国民に曝すことを考えついたものと思う。

いずれにせよ、このスパイ事件の本質は、韓国軍対KCIA・金泳三の「権力闘争」であった――と筆者は確信している。高氏とA氏はその犠牲者だったのだ。

今から振り返ると、スパイ事件が表面化する前にその予兆と思われることがあった。それは、私が韓国を去る直前の小さな出来事だった。私は、韓国国防部から「保国勲章」（国家安全保障に明確な功を立てた者に授与する。1～5等級ある）の授与を予告されていた。勲章は、韓国国防部で国防部長官から授与される予定だった。その直前に、武官連絡室長から呼ばれた。室長は、微塵《みじん》も違和感を抱かせることなく、「国防部長官から、『福山大領は、武官団長をやっていただくなど、立派な功績を残されたので、私（国防部長官）から授与するより、帰国後、防衛庁や外務省関係者も立ち会いの上、在日本韓国大使から授与させるようにせよ』という指示があり、国防部における叙勲授与式を取りやめにしたい」と告げた。私も異論はなく、厚意に感謝した。韓国政府・国防部は、スパイ事件の立件に向けて水面下で着々と準備を進めながら、私に勲章を授与しない方策を考えていたのかもしれない。スパイ関係者に勲章を与えてしまえば、大きな失敗と、世論に指弾されたことだろう。当然のことながら、スパイ事件が表に出ると、私の叙勲は立ち消えになった。

ところが、叙勲については後日談がある。事件後しばらくたって、当時の陸上幕僚監部調査部長の国武将補（仮名）が駐日韓国大使館武官などと粘り強く交渉して、私に保国勲章をもたらしてくれた。大統領の紋章（2羽の鳳凰の間に槿《むくげ》の花）付きの「恩賜の時計」が添えられていた。韓国側は、「当面、福山大領に勲章を授与したことは公表しない」という条件を付けた、と聞いた。水面下であったにせよ、韓国国防部が私に勲章を授与したことから判断して、このスパイ事件は、高氏の主張する「大統領・国家安全企画部（ＫＣＩＡ）主導説」が正しいような気がする。

事件が報道されたあとの、私のことについて話そう。韓国から送られてきた韓国主要紙の一面トップに、自分の名前が韓国語と漢字で書かれているのを見せられた時は、名状し難い複雑な思いだった。私は辞職までも覚悟したが、意外というべきか、外務省と防衛庁内局が擁護してくれた。当時の外務省東北アジア課長の藤井新氏（故人）は、「福山さん、あなたがやられたことは、国際的には常識の範囲内です。我々は韓国との外交関係を多少損なうことも辞せず、あなたを擁護しますから」と言ってくれた。

また当時防衛庁内局調査一課長の安藤隆春氏（警察庁からの出向で、のちに警察庁長官）も同様に力強く私を励ましてくれた。ありがたかった。スパイ事件に対する外務省の対応のみならず、合計5年半にもおよぶ外務省での奉職（北米局安全保障課で2年半、韓国大使館で3年）を通じ、外務省からいただいた格別の厚遇については、今も感謝の念は変わらない。

これとは対照的に、陸上幕僚監部は冷淡だった。まるで私を犯人扱いにした。私の韓国における情報活動や入手した情報の細部などについて尋問し調書まで作成し、私に署名・押印まで求めてきた。こんな陸上自衛隊の態度には失望した。

この事件に対する新聞やテレビの対応は、極めて冷静だった。むしろ、抑制してくれているようにも感じられた。韓国の報道ぶりを引用した、簡単な記事と報道内容だった。私の名前も「F」とイニシャルだけで通してくれた。あるいは、これが報道上のルールだったのかもしれないが。このようなメディアの姿勢を、私は、「ソウル戦線」で共に戦った支局長達の、無言の「戦友愛」と受け止めていた。

国内では、「週刊新潮」の佐田記者（仮名）を除いて、一切の取材はなかった。私にコンタクトして来た佐田記者は、陸上幕僚監部広報室勤務時代以来のなじみの友人だった。

「福山さん、まさか私の取材を受けるはずがないですよね」

佐田記者の、取材は、コーヒーを飲みながら、これだけにとどめ、あとはよもやま話で終わった。

いずれにせよ、このような経緯で、私は辞職に追い込まれることもなく、予定通り、市ヶ谷の第32普通科連隊長に就任することとなった。このような混乱の中での連隊長着任は、地下鉄サリン事件出動など、その後の波乱に満ちた勤務を予感させるものであった。

文在寅大統領政権下の日韓関係は、目下負のスパイラル状態にあるようだ。しかし、両国が相争っては、何の利益も生まれない。日韓関係が、1日も早く、負のスパイラルから抜け出せることを念じてやまない。

第10章

中国のスパイ・謀略工作の脅威

21世紀半ば（２０４９年が中国の建国１００周年に当たる）までに「社会主義現代化強国」実現を目指す習近平は「打倒アメリカ」を旗印に軍事力を質量ともに増強している。「兵は詭道である」という孫子の教えに従う中国は、軍事力増強と並行、連携し世界規模でスパイ・謀略工作を強力に推し進めている。

その端的な成果は、米大統領選挙で、トランプを引きずり下ろしバイデンを当選させたことかもしれない。中国は、バイデン氏を当選させるため、瑞銀証券を通じてドミニオン社（米大統領選にも使用された投票集計機のメーカー）の親会社Staple Street Capitalに不正に４１８億円も渡したという疑惑がある。謀略工作は極めて巧妙で、簡単にはバレない。

中国が覇権を争うアメリカのトランプ前政権は中国との覇権争いをエスカレートさせたが、バイデン新政権もそれを踏襲するものと見られる。いずれにせよ、中国はアメリカとの覇権争いを有利に進めるためにスパイ・謀略工作を一貫して行っている。中国によるスパイ・謀略工作はアメリカのみならずUKUSA協定（アングロサクソン5カ国の諜報機関が世界中に張り巡らせたシギントの設備や盗聴情報を、相互利用、共同利用するために結んだ協定）を締結している英国、オーストラリア、ニュージーランド、カナダ（ファイブアイズの国々）に対しても執拗に行われている。

以下その実例としてアメリカの政治家などに対する「ハニートラップ」とオーストラリア、ニュージーランド、カナダに対する「サイレントインベージョン（目に見えぬ侵略）」などについて説明する。

ハニートラップ

本稿は、主として、末永恵氏がJBpressに投稿した「中国のハニートラップに全米激震も氷山の一角か　誕生前から嵐の予感、バイデン政権に中国旋風吹き荒れる」と題する記事(https://jbpress.ismedia.jp/articles/-/63414) 等を参考に論述した。

末永氏によれば、「今回の大統領選にも民主党の指名争いに出馬したエリック・スウォルウェル下院議員（40歳、カリフォルニア州選出）が、中国共産党の女スパイと密接な関係になり、情報収集に協力していたという疑いが持ち上がっている」という。

このニュース（12月8日）をすっぱ抜いた、独立系のオンラインメディアである「アクシオス（Axios）」は、トランプ・共和党を徹底的にたたいたニューヨーク・タイムズやワシントトン・ポストなどの有力メディアを辞めたジャーナリストらが設立した会社だという。

民主党のバイデン政権にとって痛手になるのは明らかだ。驚くなかれ、スウォルウェル氏は、彼と同じカリフォルニア州選出の民主党ベテラン議員、ナンシー・ペロシ下院議長から寵愛されているのみならず、彼女の推薦で米政府の機密情報に通じる下院情報特別委員会に所属しているというのだ。

超限戦を採用する中国は諜報工作もお手の物で、「一部の政治家ではなく、（中国当局が）米政界にすでに深く浸透しており、米国内に数千人もの中国人スパイが活動している」状況らしい。

また、ターゲットは、既婚男性のみならず、昨今増加する同性愛者の議員への対応も怠らないという（ちなみにバイデン新政権の運輸長官ピート・ブティジェッジ氏は、歴代初の同性愛者）。ハニートラップに引っかかったカモは、性交渉の場面をビデオなどで秘密裏に記録され、情報提供と交換の取引を強要され、脅迫される——筋書き通りの展開である。

ハニートラップを仕掛ける中国人女性スパイは才色兼備で中国や海外の名門校の出身、卓説した英語能力を駆使し、将来有望視される政治家を狙って、工作活動を展開しているという。

一方、米ニュースマックスは、中国のハニートラップの深刻さについて、リチャード・グレネル国家情報長官代行の以下の発言を紹介している。

「中国人スパイのハニートラップに市長などの地方政府首長や民主党の州知事、さらには多くの国会議員が陥れられた。国連にも多くの中国人スパイが接近していて、国連のすべての部門に潜入している。被害は米国だけではない。中国は多くの西側諸国にも同様のハニートラップを仕掛けている」

アクシオスが独自に取材・調査した結果、今回暴露された中国人女性スパイについて判明した事項は、以下の通り。

・方芳（ファン・ファン、別名クリスティーン・ファン）と名乗る。
・米諜報機関は、中国国家安全部（ＭＳＳ）の情報工作員だと見ている。
・バラク・オバマ政権時代に米国での活動を始めたとみられている。
・方芳は年齢が20代後半から30代前半で、２０１１年にカリフォルニア州立大学イーストベイ校の留学生として米国に入国。２０１５年6月に米諜報機関の捜査から逃れるように米国をあとにし、中国へ逃亡するまで在サンフランシスコ中国総領事館の指令の下、別の工作員らと密に連絡を取っていた。

・方芳を知る人物は「親しみやすい雰囲気のある一方、個人的なことや自身の家族のことなどを一切明かさなかった」と話す。

・方芳は白いベンツを乗り回し、羽振りがよさそうだったという。大学時代には中国人留学生が組織する学友会会長などを務めてもいた。その地位を利用し、カリフォルニア州を拠点に首都ワシントンDCなど全米で米政治家の選挙資金を集めるイベントに積極的に参加。そこで中国企業の大物献金者を紹介するなど資金集めに協力し、米国内での親中世論形成の任務にも就いていた。

・方芳は米国の大物政治家を招くイベントも企画した。そこには中国総領事館の協力や彼女が作った米政経界の人脈をフル活用したとみられている。その中には、カルフォルニア州のロー・カンナ下院議員や同州選出で下院議会に慰安婦問題の対日謝罪要求決議案を提出した代表提案者で親韓のマイク・ホンダ元下院議員らの名もある。もっとも、ホンダ氏はアクシオスのインタビューに、「方芳氏との接触の記憶はない」と話したという。

・方芳はオハイオ州などの中西部の地方都市の市長2人と、3年以上の性的関係を持っていたといい、そのうちの1人の市長とは親子ほどの年の差があったという。

当然のことながら、中国がハニートラップの標的にするのは、将来性のある人物だ。その人物に「ハニー」と「黒い金」を集中的に投入する。将来、米政界に影響力を及ぼす州知事や国会議員になる有望な市長や市議会議員、州議会議員などをターゲットに定め、時には数10年間も費やす工作活動も行っているという。

スウォルウェル氏が、ハニートラップの標的にされた経緯はこうだ。方芳は、スウォルウェル氏がカリフォルニア州ダブリン市の市議会議員だった時代から標的にして接近。同氏は32歳で民主党の最年少の下院議員に当選している。2014年の中間選挙で、方芳はスウォルウェル議員の選挙活動に積極的に参加し、事務所の中心的スタッフとして資金集めに携わった。同議員の事務所には、別の中国人女性スパイを1人常駐させるほど、事務所を切り盛りするまでになっていた。スウォルウェル議員を再選に導いた立役者でもあった。

しかし、流石はアメリカの防諜機関（FBI）である。方芳の活動を監視していたのだ。米捜査当局は2015年、その正体をスウォルウェル氏に説明。同氏は方芳との関係を絶ったという。そして、2015年6月。米情報機関が捜査を進めていると知った方芳は、突然姿をくらまし、中国国内に逃亡したことが明らかになった。

一方、スウォルウェル氏は着々と中国の期待通りの栄進と、〝活躍〟をし始めた。スウォルウェル氏は2015年、先述の通り、ペロシ下院議長に寵愛され、国家機密に通じる下院情報委員会メンバーに就任した。以来、スウォルウェル議員は過去4年間、トランプ大統領政権に対して、大統領選へのロシア介入疑惑を追及する急先鋒となった。「ロシアはトランプがお好きだ。バイデンを倒すために積極的に動いている」などと舌鋒鋭く責め立てていた。ロシア疑惑を追及するそのスウォルウェル議員も、自身は中国スパイとの深い関係を持っていたわけで、罪人が罪人を追及するかのような〝喜劇〟が演じられていたのだ。

同議員は、2015年に方芳との関係を断ち切ったというが、本人と兄弟、父親のフェイスブックアカウントには最近まで、彼女と友人関係を継続していた痕跡が確認されているという。ハニートラップの被害はアメリカだけではない。2019年、英国情報局保安部（MI5）は、中国当局がハニートラップを仕掛け、英国企業のコンピューターネットワークにハッキングしようとしたと公表した。MI5は、中国当局は「性的関係と他の違法行為を利用し、狙った標的に圧力を加え、協力を強要する」と非難した。

中国人スパイ網は米国を中心として静かに時間をかけて広がっているとみるべきだろう。もちろんスパイ法すらいまだに制定されていない日本も例外ではない。

当然のことだが、違法や非道を厭わない超限戦を信奉する中国は米国との覇権争いではハニートラップであれ大統領選挙工作であれ「手段」を選ばない恐るべき国なのだ。

「第1章　ハーバードで思い知った世界のインテリジェンス」で筆者自身のハニートラップ体験について書いたが、末永氏の記事を読むと身につまされる思いがする。

サイレントインベージョン

オーストラリアのチャールズ・スタート大学の公共倫理学部副学部長であるクライブ・ハミルトン氏は2018年に、『目に見えぬ侵略　中国のオーストラリア支配計画』（飛鳥新社・日本語訳は2020年に出版）を上梓し、中国がオーストラリアに対して戦略的な手法・規模で諜報・工作を行い、同国の政界や市民社会に中国共産党の影響力が増大し、主権が侵食されつつあることを明らかにした。

中国は、カナダに対しても触手を伸ばしている。カナダにおける中国の影響力の高まりについては、ジョン・マンソープによる2019年の著作『パンダの爪：Claws of the Panda』（未訳）が分かりやすい。中国のオーストラリアとカナダに対する工作には類似性が見られる。

また、中国はもう1つのアングロサクソンの国であるニュージーランドに対しても、数10年前から、同盟国米国との間の分断工作を行ってきた。ニュージーランドは反核政策の一環として、米軍の原子力・核搭載艦艇の寄港を拒否するなど、1980年代から反米傾向を強めてきた。

以下、サイレントインベージョンの注目点などについて述べる。

第3図は、中国がオーストラリアへの影響力を強化するためのサイレントインベージョン――諜報・謀略工作――を説明するために筆者が創案したものである。オランダイチゴは、図のように数本の長い走出枝（ランナー）を出し、それに幼植物をつくることで増殖する。

中国はオランダイチゴの「親株」に当たる。世界覇権を目指す中国は世界の四方八方にランナーを伸ばし、自

第3図　中国の「イチゴ戦略」（福山私案）

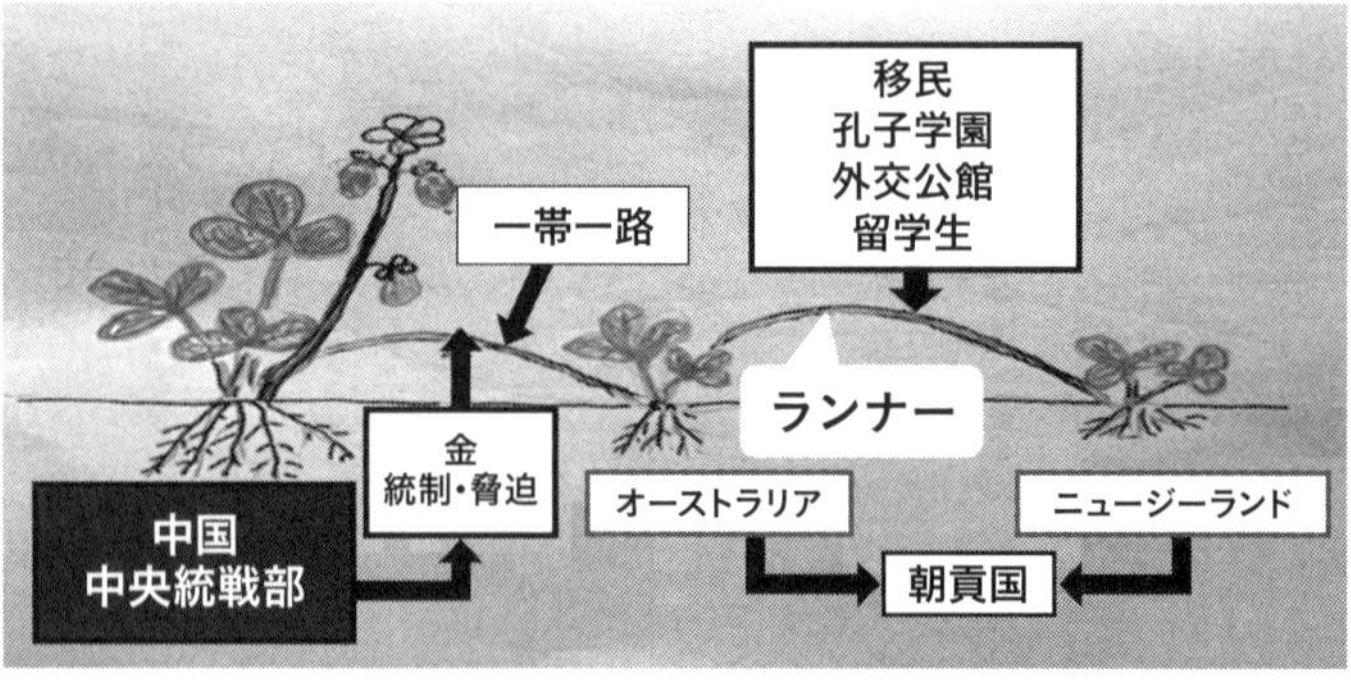

国の影響力を拡大しようとしている。中国は、究極的にはオーストラリアやニュージーランドなどを「朝貢国」にすることが目標である。

オランダイチゴのランナーに相当するものが「一帯一路」といわれる陸上・海上の諸外国へのアクセスルートである。このルートを使い、中国共産党中央委員会に属する統一戦線工作部（中央統戦部）がこの諜報・謀略工作を企画・立案・実行している。中央統戦部は習近平の下で重要性を増しており、習は中央統戦部を「中華民族の偉大な復興における『魔法の兵器（マジック・ウエポン）』である」と説明している。

オーストラリアは白豪主義（白人最優先主義とそれに基づく非白人への排除政策）を採っていたが、1972年に始まるホイットラム政権は、多文化主義を推進する政策を打ち出した。これにより、アジア系移民が多く流入してきた。さらに、ベトナム戦争の難民を受け入れたことにより、オーストラリア社会に以前から存在していたアジア系社会が大きくなった。

オーストラリア統計局が行った2016年の国勢調査によると、オーストラリアに住んでいる中国人（中国に先祖を持つ2世、3世中国人を含む）は120万人だったが、2018年2月のデータによれば、130万人を超えていると推測される。オーストラリアの人口は2018年6月の時点で2499万2400人なので、総人口に対する中国人の割合は5・2%、20

人に1人が中国人ということになる。

中国が、オーストラリアに対する影響力を強化するための工作は次のようなものである。

第1は「黒い金」による工作。中国共産党の「代理人」は、政治資金を通じてオーストラリアの政治を操作することを企てている。中国は、中国系企業や帰化もしくは居住許可(resident permit)を持った中国系の移民を使嗾して与野党双方へ多額の政治献金をさせ、これによりオーストラリアの対外政策を中国共産党の方針に沿った方向へ誘導しようとしている。外国人による政治資金は禁止されているのだが、もはやオーストラリア人となってしまった「中国系」の企業や個人からの献金は止められない。中国は、オーストラリアの政治家や政党の指導層に中国への接待旅行や様々な利益供与を与えることで彼らの首根っこを押さえている。

この手法は、イスラエルが在米イスラエル・ロビーを使ってアメリカの上・下院議員(大統領候補を含む)に政治献金し、アメリカの国益よりもイスラエルの利益を重視する政策を採るように誘導しているのと似ている(『イスラエル・ロビーとアメリカの外交政策Ⅰ・Ⅱ』〔ジョン・J・ミアシャイマー他著　講談社〕参照)。

第2は、戦略としての人的交流(移民、留学生、観光客)である。ここでは、留学生を使嗾した影響力の行使について述べよう。大学の存続・維持のために、中国からの留学生に依存するようになった大学にはもはやacademic freedomなるものは存在しないようだ。マジョリティではないにせよ、無視し難いマイノリティとなった中国人留学生はやりたい放題で、オーストラリアの「多文化主義政策」を逆手にとって、大学運営やカリキュラムの内容に干渉する。中国人留学生は、公海の自由に関わる問題、東シナ海の島を巡る国境問題、チベット問題、中国の人権問題等に関してまさに中国共産党の公式見解を前面に押し出し、オーストラリア人学生に自説を押し付ける。もはや開かれた自由な議論は封じ込められている。

このような工作を、中国共産党が強力に指揮・統制していることは事実だ。中国共産党は大使館と総領事館を通じて中国人留学生を完全に把握、組織化するとともに孔子学院を宣伝機関として活用している。

第3は、知的財産の窃盗である。ここ30年の大量の中国人留学生導入の結果、中国系の人物が教授陣に多数存在しており、これらのかなりの部分が中国共産党や人民解放軍（PLA）絡みの中国軍需企業と密接な関係を結んでいるという。オーストラリアでの最先端の科学技術の開発には大学やシンクタンクが関わっており、そこではこれらの中国系の教授が中心となり、オーストラリア政府からの補助金を直接受け取ったり、開発プロジェクト自体をPLA絡みの中国企業と合弁という形を取ることにより、そこでの開発成果はすべてPLAに流出するように仕組んでいる。このストーリーは何だか、菅政権下で騒がれている日本学術会議の話に似ているではないか。

中国のこの工作のやり方は、超限戦に基づくものだろう。超限戦とは、「限界・限定を超えた戦争」というもので、従来のミサイルや軍艦、戦車や戦闘機等を使う「通常戦」だけでなく、経済、文化、法律などの垣根を超えた諜報・謀略・工作を駆使して、敵に攻撃を加えて屈服させる手法である。

ハミルトン氏は同著の「日本語版へのまえがき」で中国の対日工作についても以下のように触れている。


「北京の世界戦略における第一の狙いは、アメリカが持つ同盟関係の解体である。その意味において、日本とオーストラリアは、インド太平洋地域における最大のターゲットとなる。北京は日本をアメリカから引き離すためにあらゆる手段を使っている。(中略) 主に中国が使っている最大の武器は、貿易と投資だ。中国は、他国との経済依存状態を使って、政治面での譲歩を迫っているのだ。すでに日本には、北京の機嫌を損なわないようにすることが唯一の目的になった財界の強力な権益が存在する。(中略) 北京は、増加する中国人観光客や海外の大学に留学している中国人学生たちを通じた人的な交流さえも『武器』として使っており、中国に依存した旅行会社や大学を、自分たちのために働くロビー団体にしている。

（中略）日本では、数千人にも上る中国共産党のエージェントが活動している。彼らはスパイ活動や影響工作、そして統一戦線活動に従事しており、日本の政府機関の独立性を損ね、北京が地域を支配するために行っている工作に対抗する力を弱めようとしているのだ」

ハミルトン氏の指摘のように、日本はオーストラリアに延びる中国の諜報・謀略工作の魔手《ましゅ》を「他人事」と見ているわけにはいかないのだ。現下の厳しい米中覇権争いの中では、中国の対日工作が一層熾烈になることが予想される。我が国の防諜体制の強化が求められるゆえんである。

中国は、２０２０年12月26日、主権や領土の保全に加えて海外権益などの「発展の利益」を守るために軍事力を動員すると定めた「国防法」改正案を可決した（２０２１年１月１日に施行）。また、沖縄県・尖閣諸島周辺の日本領海に頻繁に侵入する海警局に対して武器使用の権限を明記した「海警法」は2月1日から施工された。このように中国は「表」の軍事力と「裏」の諜報・謀略工作の連携を取りつつ日本攻略に邁進しているのだ。

中国の知財窃盗のための「千人計画」が日本でも行われている

２０２１年1月1日付の読売新聞に「中国『千人計画』に日本人、政府が規制強化へ…研究者44人を確認」（https://www.yomiuri.co.jp/politics/20201231-OYT1T50192/）と題する驚くべき記事が掲載された。要旨は以下の通りである。

「海外から優秀な研究者を集める中国の人材招致プロジェクト『千人計画』に、少なくとも44人の日本人研究者が関与していたことが、読売新聞の取材でわかった。日本政府から多額の研究費助成を受け取った後、中国軍に近い大学で教えていたケースもあった。政府は、経済や安全保障の重要技術が流出するのを防ぐため、政府資金を受けた研究者の海外関連活動について原則として開示を義務づける方針を固めた。

読売新聞の取材によると、千人計画への参加や表彰を受けるなどの関与を認めた研究者は24人。このほか、大学のホームページや本人のブログなどで参加・関与を明かしている研究者も20人確認できた。

44人のうち13人は、日本の『科学研究費助成事業』（科研費）の過去10年間のそれぞれの受

第4図　中国の「千人計画」

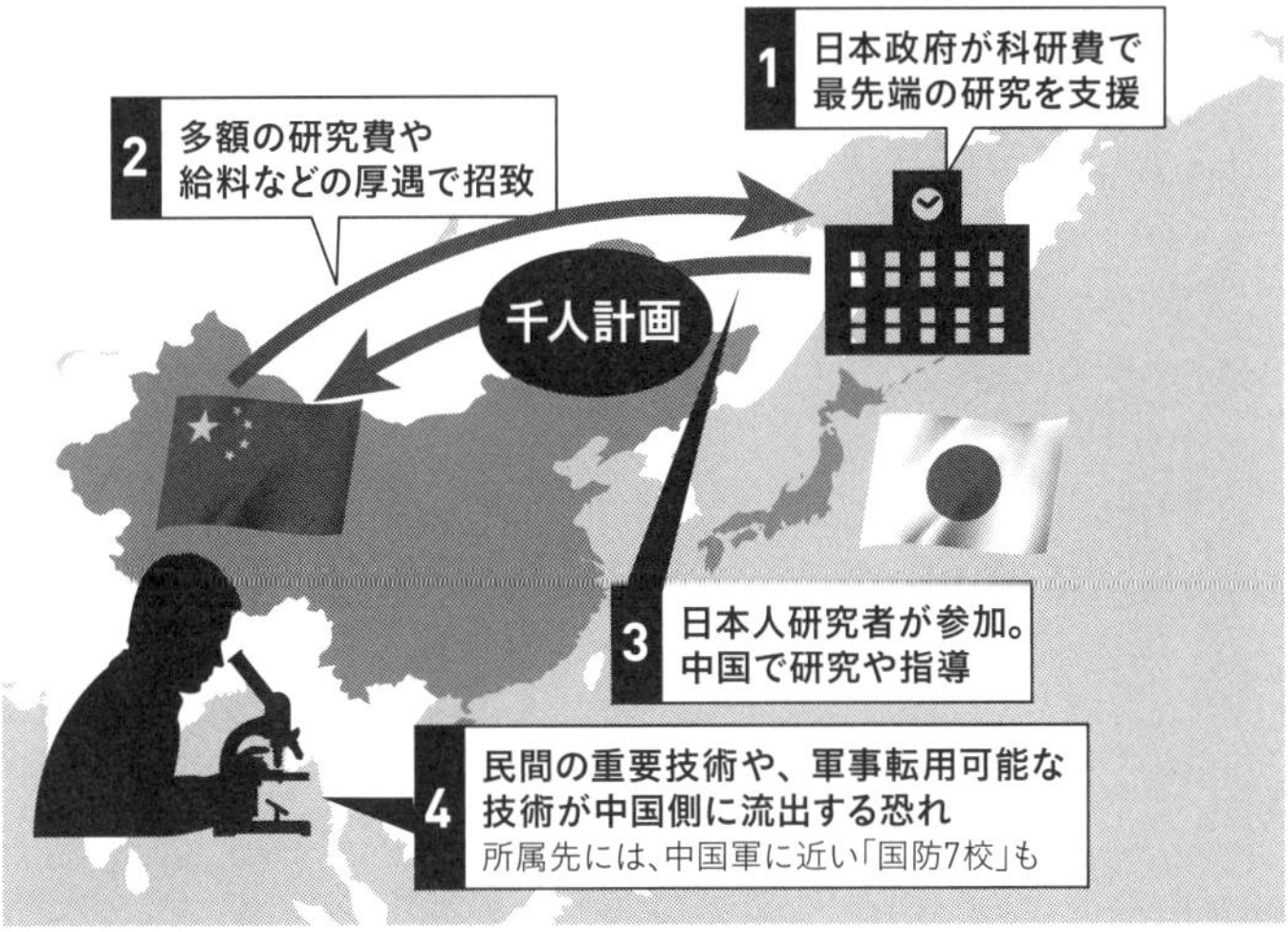
1 日本政府が科研費で
最先端の研究を支援
2 多額の研究費や
給料などの厚遇で招致
千人計画
3 日本人研究者が参加。
中国で研究や指導
4 民間の重要技術や、軍事転用可能な
技術が中国側に流出する恐れ
所属先には、中国軍に近い「国防7校」も

領額が、共同研究を含めて1億円を超えていた。文部科学省などが公開している科研費データベースによると、受領額が最も多かったのは、中国沿岸部にある大学に所属していた元教授の7億6790万円で、13人に渡った科研費の総額は約45億円に上る。

米国は千人計画について『機微な情報を盗み、輸出管理に違反することに報酬を与えてきた』（司法省）などとして、監視や規制、技術流出防止策を強化している。海外から一定額以上の資金を受けた研究者に情報の開示を義務づけているほか、エネルギー省は同省の予算を使う企業、大学などの関係者が外国の人材招致計画に参加することを禁止した。重要・新興技術の輸出規制の強化も検討中だ。

日本では現在、千人計画への参加などに関する政府の規制はなく、実態も把握できていない。政府は米国の制度などを参考に今年中に指針を設け、政府資金が投入された研究を対象に、海外の人材招致プロジェクトへの参加や外国資金受け入れの際には開示を義務づけることを検討している。

今回確認された44人の中には、中国軍に近い『国防7校』に所属していた研究者が8人いた。うち5人は、日本学術会議の元会員や元連携会員だ」


この記事を見て唖然とし、怒りを感じるのは、筆者だけではあるまい。その理由は、第1に、「千人計画」に参加する少なくとも44人の日本人研究者が中国に協力・提供する技術は、中国が日本に指向する兵器の開発を助けているという事実だ。「売国奴」に相当する悪行ではないか。第2に、日本学術会議は「軍事研究禁止」を声明した（2017年3月24日）が、その一方で、5人もの同会議の元会員や元連携会員が事実上中国の軍事技術開発に加担していたことだ。

ジャーナリストの宮崎正弘氏も「宮崎正弘の国際情勢解題・第6748号（2021年1月2日）」で、「戦後教育と偏向報道により日本人エンジニアが中国に協力することが売国的という認識は完全に欠落している。この政治センスの無さ、国際情勢を判断できる情報力の欠如は、致命的とさえ言える。中国の軍民融合に協力することは売国奴である」と、筆者と同様の見解を示されている。

日本学術会議の改革も含め、一刻も早く、我が国が他国（中国など）に翻弄される（カモにされる）体制を抜本的に是正することが喫緊の課題である。

終章

日本の情報体制とその強化策

日本の情報体制の現状——
敗戦後「雨後の筍」状態で無造作に生まれた日本の情報機関は、形は一応整っているが機能不全状態

国家を人間に喩えると、目や耳などの五官が情報機関に当たる。目や耳が不全なら生活に不便だ。他人の助けが必要になり、完全に自立することは難しい。国家にとっても同じで、情報機関と軍は「自立」する上で不可欠だ。このことを知悉《ちしつ》していた米国は、大東亜戦争後、連合国軍最高司令官のマッカーサーを通じて、日本が再び米国に仇なすことがないように帝国陸海軍と情報機関を取りつぶし、日本の弱体化を図ったのだ。

1950年に朝鮮戦争が勃発し、在日駐留米軍を朝鮮半島に投入せざるを得ず、日本国内の防衛・治安維持兵力がなくなるので、マッカーサーの命令で7万5000人から成る警察予備隊（陸上自衛隊の前身）が設立された。憲法も警察予備隊も米国のご都合だけで、国民的な議論もないままに一方的且つ無造作に作られたのだ。

一方、情報機関も、何の理念や国家全体としての構想もなく無造作に「雨後の筍《たけのこ》」のように誕生したと言えるのではないか。その結果、形は一応整っているが、まるでアクセサリーのよ

うなもので、官邸首脳や政策部門はその成果を使う意思も能力も極めて低いと言わざるを得ない。したがって、各情報機関は「機能不全状態」にあるのではないか。その原因は、情報センスに疎い日本人の性に根差すほか、日米同盟（日米安保条約）にあると思う。

パクスアメリカーナ（アメリカによる世界平和）を支えるアメリカの情報能力は圧倒的で、日米の情報能力の格差は、前述のように「アメリカは日本を顕微鏡と内視鏡で見ているのに対し、日本はアメリカを望遠鏡で眺めている」状態なのだ。だから、日本は「はじめにアメリカの情報ありき」で、アメリカの情報操作に慣れ、その誘導に追従することをよしとしている。

我が国の情報体制の現状については、「国家安全保障会議創設に関する有識者会議」の第3回会合に提示された「我が国の情報機能について」と題する説明資料（https://www.kantei.go.jp/jp/singi/ka_yusiki/dai3/siryou.pdf）の1枚目の「我が国の情報体制」が極めてコンパクトにまとめられており、分かり易い（次ページの第5図）。

世界各国の情報機関はインテリジェンスサイクルに基づいて情報業務を行っている。インテリジェンスサイクル（Intelligence cycle）は、政策決定者からの要求を受けて情報を収集および分析し、行動を起こすために必要な情報（インテリジェンス）を生産する一連のプロセスのことである。インテリジェンス・サイクルは、第6図に示すように、①カスタマー（情報要求・

第5図　我が国の情報体制

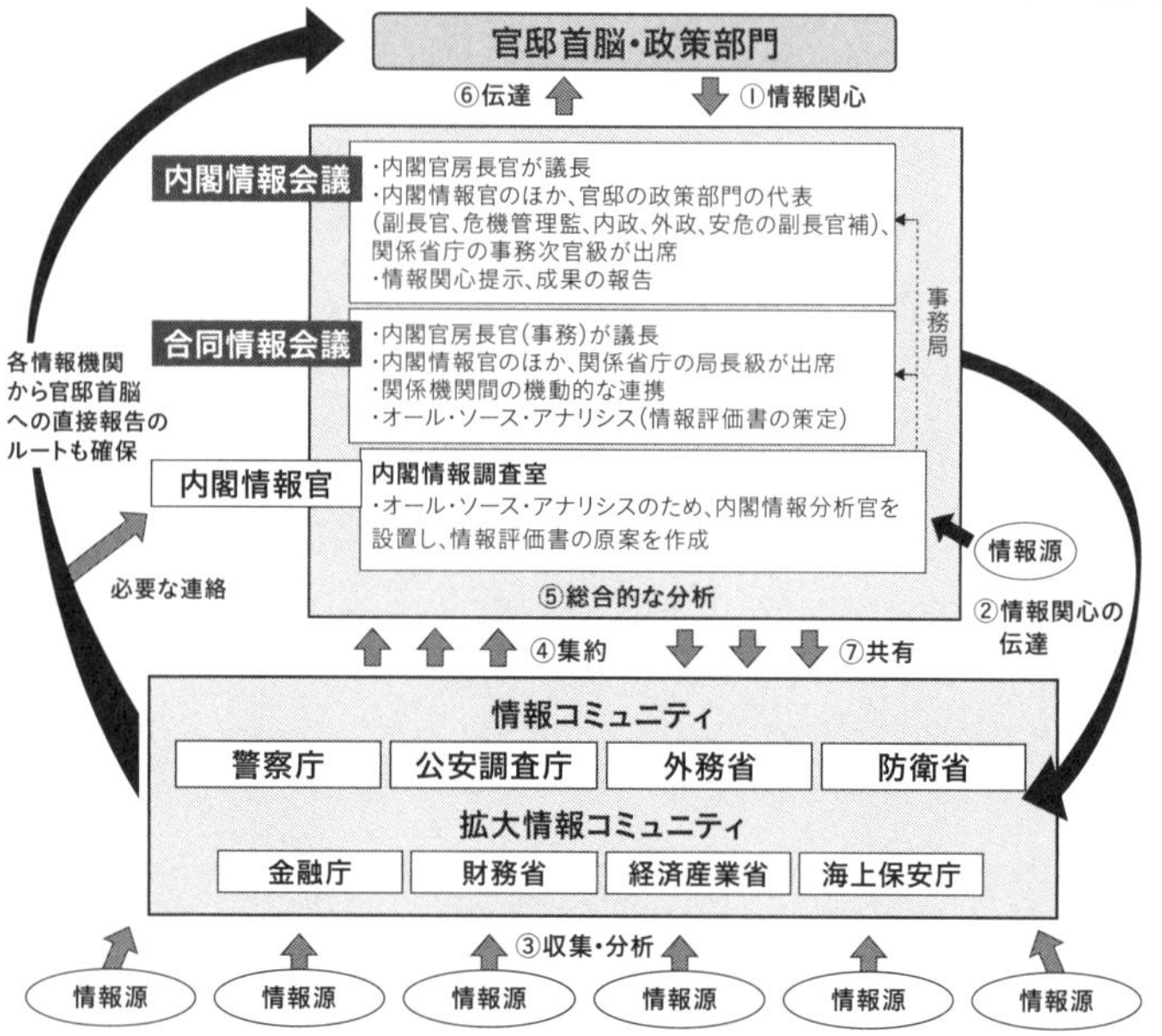

官邸首脳・政策部門
⑥伝達
①情報関心
内閣情報会議
・内閣官房長官が議長
・内閣情報官のほか、官邸の政策部門の代表
（副長官、危機管理監、内政、外政、安危の副長官補）、
関係省庁の事務次官級が出席
・情報関心提示、成果の報告
事務局
合同情報会議
・内閣官房長官（事務）が議長
・内閣情報官のほか、関係省庁の局長級が出席
・関係機関間の機動的な連携
・オール・ソース・アナリシス（情報評価書の策定）
各情報機関
から官邸首脳
への直接報告の
ルートも確保
内閣情報官
内閣情報調査室
・オール・ソース・アナリシスのため、内閣情報分析官を
設置し、情報評価書の原案を作成
情報源
必要な連絡
⑤総合的な分析
②情報関心の
伝達
④集約
⑦共有
情報コミュニティ
警察庁
公安調査庁
外務省
防衛省
拡大情報コミュニティ
金融庁
財務省
経済産業省
海上保安庁
③収集・分析
情報源
情報源
情報源
情報源
情報源
情報源

使用者）が情報サイド（情報機関）に情報（Intelligence）を要求すること（Intelligence requirement）に始まり、それを受けた情報サイドは②情報（インフォメーション）を収集し（Information gathering）、③情報（インフォメーション）を加工・分析し（Information processing）、④情報を作成して（Intelligence production）、⑤カスタマーに情報の伝達（Intelligence dissemination）するまでの5段階で構成される。

　日本でも情報業務に関しては、インテリジェンスサイクルに則っており、第5図のように、まず①官邸首

第6図　インテリジェンスサイクル

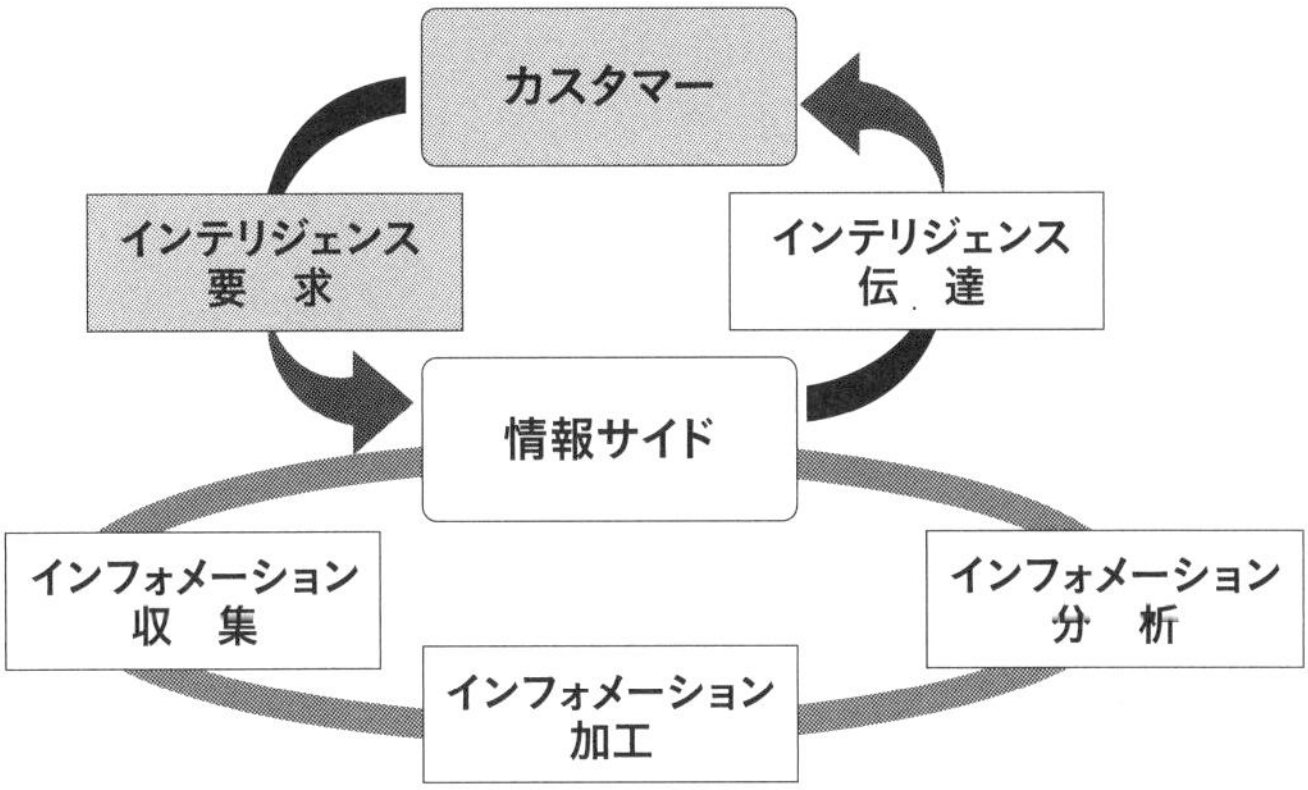

注　カスタマー…インテリジェンスに基づいて判断・行動する主体（経営者等）
情報サイド…インフォメーションからインテリジェンスを作成する主体

脳・政策部門から内閣情報会議、合同情報会議、内閣情報官（以下「会議等」とする）に対して「情報関心」が示され、②会議等は、情報サイドである情報コミュニティ（防衛省、外務省、警察庁、公安調査庁）と拡大情報コミュニティ（金融庁、財務省、経済産業省、海上保安庁）に対して「情報関心の伝達」を行う。③情報コミュニティ、拡大情報コミュニティはそれぞれの情報源から情報を「収集・分析」し、④これを「集約」したものを会議等に報告し、⑤会議等はそれに「総合的な分析」を加えて、⑥官邸首脳・政策部門に伝達する。

この資料によれば、我が国の情報体制は順調で円滑に運ばれているように見えるがそれは形ばかりにすぎないのではないか。その原因は以下の通りである。

第1に、前述のように、日米同盟体制下では、日本独自で外交政策を決定する余地が少ないことである。重要な決定案件がなければ、情報ニーズも生じない。

第2に、カスタマーである「官邸部門・政策分門」の政治家や高級官僚が情報に関心が薄く、これを使い切るだけの見識と資質に乏しいこと。政治家や高級官僚は日本人一般と同様に情報についてのセンスに乏しく、政策決定や運用に情報が決め手となることを十分に理解していないのが現状であろう。それは、大東亜戦争当時、陸大（陸軍大学校）を優等で卒業したエリート作戦参謀たちが、情報そっちのけで独善的に作戦計画を立案した愚行と似ている。

第3に、内閣情報官が防衛省、外務省、警察庁、公安調査庁などから上がって来たインテリジェンスをオールソース・アナリシス（集約分析）することになっているが、各省庁の情報コミュニティは縄張り意識が強く、重要な情報は内閣情報官をバイパスして総理大臣などに直接報告してポイントを稼ごうとする傾向が強いこと。私は情報本部の初代画像部長時代、関係省庁が北朝鮮の核ミサイル開発などの重要な情報を得るたびに功を争うように総理大臣に直接報告していることを知った。

第4に、内閣情報会議や合同情報会議はおざなりで、形骸化している可能性が高い。その理由もやはり、政治家や高級官僚の情報センスが低調であることだ。

前述の「我が国の情報機能について」の2枚目には「官邸における情報機能の強化の方針」が示されている。これについては「情報機能の強化」と「情報の保全の徹底」が明記されている。「情報機能の強化」で注目される「対外人的情報機能の強化」という記述があるが、これは諸外国並みに海外にスパイを派遣してヒューミントを強化することを意味しているものと思われる。

敗戦後、日本陸海軍の情報機関は廃止を余儀なくされた。そのことが情報機能の劣化につながり、欧米や中国・ロシアなどのようにスパイを養成・運用する機関――いわゆる日本版ＣＩＡ（ＪＣＩＡ）――はいまだに存在しない。ＪＣＩＡの創設は、我が国の情報機能強化にとって画期的なことになるはずだ。

余談だが、同じ敗戦国の西ドイツは日本とは対照的だった。先にも触れたが、第2次世界大戦中に対ソ連諜報を担当する陸軍参謀本部東方外国軍課の課長を務めたゲーレン大佐は、防水ケース50個に詰め込んだソ連軍事情報（飛行場、発電所、軍需工場、精油所等）を手土産に部下と共にアメリカ軍占領地域で投降した。冷戦構造が出現し米ソ対立が深刻化する中、抜け目のないゲーレンは、対ソ情報・諜報網を必要とする米国と取引してドイツ軍情報機関／諜報機関（アプヴェーア）のほか、国家保安本部（ドイツ本国およびドイツ占領地の敵性分子を諜報・摘発・排除する政治警察機構の司令塔）等のナチス党政権下での戦争犯罪容疑者をも免責させ、「ゲーレン機関」を設立した。「ゲーレン機関」は、米ソ対立の最前線の諜報機関として米国などから厚遇され、冷戦下のNATO諸国の主要情報源として成果を上げ、1955年には西ドイツの連邦情報局（BND）として復活を果たした。情報機関といっても、それを構成するのはプロの情報要員である。ヒトラー政権下の情報機関・要員（ソ連潜入のスパイを含む）・資産は、ゲーレンの才覚で生き残り、ゲーレン機関そして連邦情報局に姿を変えて情報資産（要員とノウハウなど）が引き継がれたのである。

旧日本軍の将官の中にも、ゲーレンのような人物がいた。河辺虎四郎陸軍中将である。敗戦の際に、参謀次長であった河辺中将は連合国と会談するため全権としてマニラに赴いている。そのことが契機となってか、河辺は戦後、連合国軍最高司令官総司令部（GHQ）参謀第2部（G2）部長のチャールズ・ウィロビー少将に接近し、1948年、軍事情報部歴史課に特務機関として「河辺機関」を結成した。駐英駐在武官以来、吉田茂の腹心だった辰巳栄一も「河辺機関」に関わった。河辺機関へのGHQからの援助は1952年で終了したため、河辺機関の旧軍幹部（佐官級）はG2の推薦を受けて保安隊に入隊している。河辺機関はその後、「睦隣会」に名称変更したあとに、内閣調査室のシンクタンクである「世界政経調査会」になった。そのため、初期の内閣調査室には河辺機関出身者が多く流入している。ただ、残念ながら「河辺機関」はゲーレン機関のようにＪＣＩＡに発展することはなかった。

我が国の情報強化のもう１つの柱である「情報の保全の徹底」については、前述の「我が国の情報機能について」の５枚目に「秘密保全のための法制の在り方について（報告書）」の骨子が提示され、その中に「特別秘密の管理」のやり方として、「適性評価（セキュリティ・クリアランス）の実施」が挙げられている。これについては、わざわざ「諸外国ではすでに導入・運用」と注記され、我が国にとって喫緊の課題であることが強調されている。

前にも述べたが、我が国が英米加豪新のファイブアイズ加盟国に加わるためには「日本に提供する機密情報が中国などに漏洩しない」という確証が必要である。そのための手立ての１つとして、日本にセキュリティ・クリアランスというシステムを導入する必要がある。前述したように、セキュリティ・クリアランスとは、機密情報にアクセスできる職員に対して、その適格性を確認する制度、または機密情報に触れることができる資格のことだ。トップシークレット（機密情報）へのクリアランス（機密情報取扱許可）を得るためには、「スパイや機密漏洩の疑いが全くない」ことが条件だ。その条件を満たすためには、生い立ちや家族・親類・友人・

異性関係から渡航歴（中国など「敵性国家」との接点が疑われないか）などに至るまで微に入り細を穿つ徹底した身辺調査を行い、嘘発見器による検査などもクリアする必要がある。

防諜体制が厳しかった戦前においてさえゾルゲの諜報活動が可能だったのだから、今日の日本は遺憾ながらスパイは「野放し状態」である。第1章の「冷戦崩壊の戦利品――ソ連・東欧の諜報活動・成果の暴露」でも書いたが、レフチェンコ事件は日本が「スパイ天国」であることを内外に知らしめた。

問題は、レフチェンコの暴露は米下院情報特別委員会での「秘密聴聞会」だったことだ。それ故、日本は全貌を知ることはできない。アメリカは日本を情報操作できる立場だった。アメリカ政府・CIA／FBIは、以下のような思惑で（日本に対する情報操作の目的で）レフチェンコ証言の中の都合の良い内容だけをリークしたのではないか。

①軍事と情報を駆使して日本を引き続き「アメリカのポチ」状態にする。
②「日本の対ソ防諜施策が甘い」という警告（ただし、アメリカにとって「日本のスパイ天国」は織り込み済み）。
③全貌を暴露しないことで、中曽根内閣（当時）に恩を売る。

④日本の政官財界にアメリカの威信を高める（アメリカに睨まれると怖い）。
⑤実名をバラされた要人たちはもとより、合計33人（政治家、マスコミ関係者や大学教授、財界の実力者、外務省職員や内閣情報調査室関係者など）の「弱み」を握り、後でCIAなどに脅させて二重スパイ等で活用する。
⑥アメリカ情報機関が活動できる幅を広げる。

レフチェンコは、中川一郎および鈴木宗男とのつながりにも言及したといわれる。鈴木のコード名はナザールといわれる。これに関し鈴木は時の河野洋平衆院議長に対して2007年2月7日に質問主意書を提出した。

これに対して政府側は、「レフチェンコ氏の一連の発言のうち、コード名ナザールという者について調査し、記録を作成したが、ご指摘のレフチェンコ証言全般の信ぴょう性について申し上げる立場にない。お尋ねの『KGBと不適切な接触』の意味が明らかでないため、外務省としてお答えすることは困難である」と逃げ、真実は明らかになっていない。つまり、鈴木は灰色のままだ。

1999年に竣工した「日本人とロシア人の友好の家」（ムネオハウス）を巡り、2002

年にムネオハウスについての利権疑惑が取り上げられ、公設秘書1人と地元建設業者5人の計6人が起訴され、全員が有罪判決を受けた。このような経緯を見れば、鈴木とソ連の関係についてはおおよそ想像がつくのではないか。防諜体制の緩い日本では文字通りスパイが大手を振って闊歩している可能性がある。

スパイはソ連・ロシアだけではない。中国や北朝鮮のスパイないしはシンパも大勢いる。カジノを含む統合型リゾート（IR）汚職に絡む贈賄側への証人買収事件で、2020年8月20日、衆院議員の秋元司容疑者が東京地検特捜部に逮捕され、中国による対日工作の一部が明るみに出た。この事件絡みだけでも、何らかの形でカネをもらったり、便宜を受けたリストに載っている議員は30人はいるといわれ、懐にした金額も秋元司容疑者の約700万円とは1桁違う議員もいると囁かれている。親中派議員は枚挙に暇がない。

アメリカ大統領選挙の混乱の隙を突いて中国の王毅国務委員兼外相が2020年11月24〜25日の間訪日したが、親中派実力者の自民党の二階俊博幹事長とは25日、東京都内のホテルで昼食を取りながら意見交換した。平沢勝栄復興相や林幹雄幹事長代理、野田聖子幹事長代行らも同席した。米中覇権争いの最中、中国は二階幹事長を「切り札」として菅政権への浸透工作を強化するものとみられる。

北朝鮮との関係を疑問視された政治家も多い。金丸信（故人）、野中広務（故人）、山崎拓、武村正義、菅直人、平岡秀夫、日森文尋、辻本清美、福島瑞穂、山本太郎などの噂も広く聞かれるところである。いずれも、これまでの北朝鮮との関わりや言動を子細に見れば私には首肯できる。

日本には北朝鮮の軍事・諜報の拠点である朝鮮総連が存在する。朝鮮総連は、朝鮮半島有事には北朝鮮による日本とアメリカ（在日米軍）に対するテロ・ゲリラ攻撃の司令塔となることが想定されている。これまで朝鮮総連は、北朝鮮による日本人拉致やスパイの支援などを行ってきた。北朝鮮からの朝鮮総連に対する諜報・工作の指令や指導は、かつては新潟港に入港する万景峰号に乗った北朝鮮の諜報担当の幹部などが総連幹部を船内に呼び付けて行っていた。また、北朝鮮は、２０００年以前までは、日本や韓国に潜入したスパイに対して乱数放送により指令などを伝えていた。２０００年以降は電子メールへ移行したものとみられる。

日本の情報体制強化策についての私案

日本の情報体制強化と日米同盟の関係

喩え話をしよう。アメリカとの戦争に敗れ、物が見えないだけでなく耳も聞こえなくなった日本は、アメリカから言われるまま、導かれるままにアメリカに追随してきた。世界を支配するアメリカに追随していれば、日本は別段大きなトラブルに巻き込まれることはなかった。しかし、最近ではアメリカの世界覇権には陰りが見えつつあり、トランプ前大統領は「アメリカ・ファースト」と叫び、同盟国はこれまで通り安閑とは過ごせなくなりつつある。そんな中、日本が目と耳の手術により物が見え、音が聞こえるようになれば日米関係はどうなるだろうか。日本は、アメリカに追随する必要がなくなり、自らの進路を決めることができるようになるというわけだ。

この喩え話のように、日本の情報体制（目や耳に相当）が強化されれば、日本がアメリカから自立・独立する方向に向かうのは自然の道理だ。情報体制が強化されれば日本の政策判断の選択肢は従来よりも広がり、場合によってはアメリカと距離を取れるようになるほか、中国と接近する可能性も出てくるだろう。

アメリカはそれを許すだろうか。否、絶対に許さないだろう。日本はアメリカにとって「要石」と位置付けられるほど、パクスアメリカーナを維持する上で不可欠の地政学的な価値を有する国なのだ。アメリカが第2次世界大戦で学んだ重要な教訓は「日本とドイツにだけは油断するな！」ということだろう。戦後、日本とドイツが「灰燼《かいじん》」の中から急速に復活してアメリカの経済を脅かす存在になったことは、その教訓を裏付けるものだった。日独両国は、経済に加え軍事的なポテンシャル（潜在力）も十分に持っている。

アメリカはその教訓に基づき日本（いわば「ポチ」）をコントロール（制御）するために「2つの手綱」をその首に取り付けた。その1つが憲法第9条で、もう1つが日米安保条約である。憲法第9条を〝下賜された〟日本が生存するためには、日米安保条約が命綱なのだ。その上で、アメリカは日本（ポチ）を〝弱視・弱聴〟にする体制を強いた。これにより、日本を情報操作できることになった。

アメリカにとって、日本が情報体制の強化を図ることは、憲法第9条の改正や日米安保条約を破棄することと同様に、戦後の日米同盟体制（戦後レジーム）を抜本的に変える、〝革命〟に相当する「挙」なのである。

アメリカによる日本の情報操作の実態を窺う機会があった。既に述べたが、私は防衛庁情報本部の初代の画像部長（1997年1月～98年7月）を経験した。当時、我が国の防衛にとって北朝鮮の核ミサイル開発が脅威としてクローズアップされつつあった。機密保持の観点から詳細は申し上げられないが、アメリカは親切丁寧に北朝鮮の核ミサイル開発に関する情報を日本に提供し続けた。それも防衛庁情報本部、警察庁、外務省など様々なチャネルへの提供であった。どのチャネルにせよ、「総理、すごい情報です！」とばかりに省・庁益のために官邸にご注進していたはずだ。

韓国で防衛駐在官（1990～93年）をしている時に、アメリカが北朝鮮の核開発について対日情報操作している疑いを持った。1992年の秋頃だったろうか、在韓米軍の情報部長（兼米韓連合軍司令部情報部長）のグラント少将（仮名）が当時の柳大使に面会を求めて来た。大使が「福山武官、どんな用件なのだろう」と言われるので、「多分、寧辺の核施設の説明だと思います」と答えた。当時アエラ誌に出ていた偵察衛星の写真を用いて、その概要を大使にブリーフィングした。

案の定、グラント少将は寧辺の核施設について、衛星写真を示しつつ北朝鮮の核開発を説明した。私は、その内容を公電で外務省に報告した。アメリカが様々なチャネルで外務省に同様の情報を伝えていることは間違いないと思った。

余談だが、同少将は、大使館の玄関での出会い頭に「君がカーネル福山か?」と初対面であるにもかかわらず、かねてから私の名前を承知していると受け取れるニュアンスの発言をした。この言葉を聞いた私は「第六感」としか言いようがないが、「この将軍は、俺が送っている公電を盗聴・解読しているな‼」と確信した。確たる証拠はない。しかし、米国は第2次世界大戦中・前に日本の外務省や陸海軍の暗号電報を解読した前歴がある。米国は世界のどこかの日本大使館から暗号解読の手がかりを得て、エシュロン(アメリカを中心に構築された軍事目的の通信傍受、シギントシステム)で日本外務省が送受信するすべての公電を解読しているのではないかと思った。私は、「情報を制する者は世界を制す」と思っているが、パクスアメリカーナの盟主たるアメリカが日本の外交電報を解読していてもおかしくないと思う。外務省当局も暗号の保全には細心の注意を払っているものと思うが、諜報の世界では油断できない。

アメリカの北朝鮮の核開発を活用した対日情報操作の成果の1つは、日本による米国製武器の導入・調達だろう。海上自衛隊は、アーレイ・バーク級の初期建造艦(フライトI)をベースとしてイージスシステム(AWS)搭載ミサイル護衛艦(DDG)——こんごう型護衛艦——の建造を1988年度から開始し、1993年から1998年にかけて4隻が竣工した。建造単価は約1223億円であった。

春名幹男氏の『秘密のファイル　ＣＩＡの対日工作㊤㊦』（新潮文庫）によれば、アメリカは日本を抱き込むために張り巡らされた情報網（日本人スパイ）を通じ政界工作などの対日情報戦をやっているという。また、第３章の「米国ＣＩＡの対日スパイ養成官キヨ・ヤマダ」でも述べた通り、アメリカは日本の政財官界にエージェントを抱え、諜報面でも日本を支配できる体制を構築しているという。

そのような日本が本格的に情報体制（対米防諜を含む）を強化することは、アメリカにとっては「一大事」であるに違いない。情報体制の強化には、左翼政党やメディアなどが猛反対するだけではなく、アメリカが水面下でつぶしにかかるに違いない。アメリカが唯一同意する日本の情報体制強化は「アメリカの紐が付いた情報体制の強化」だけであろう。その証しは、前述のように、「アーミテージ・ナイ報告」の中で、「ファイブアイズ」に日本を加えた「シックスアイズ」の実現に向け、日米が真剣に努力すべきだと提唱したことだ。

外務省の功罪――外務省は日本独立（自立）を阻む〝ビンの蓋〟？

情報体制の強化が日米同盟見直しに通じることを考えれば、外務省の立場からは情報体制の強化は簡単には賛同はできないだろう。戦後、外務省は日本の対米追従体制（ポチ状態）作りに加担し、日本の自立を阻む〝ビンの蓋〟の役割を果たしてきた。奇異に聞こえるかもしれないがその理由と経緯はこうだ。

敗戦後、日本に乗り込んできたマッカーサーは英語を駆使できる外務官僚を便利な小間使いに使った。軍国主義日本の罪については天皇や外務省は宥免《ゆうめん》され、旧日本軍が生贄《いけにえ》となって解体され、職業軍人は公職追放された。外務省は、むしろ敗戦により焼け太り、究極の敗戦利得者となった。旧軍部・憲兵隊当局の符丁（暗号）でヨハンセン（吉田反戦）と呼ばれた吉田茂は、マッカーサーに取り入って権力を握り、米国追従の戦後レジームの国づくりに邁進した。保安大学校（のちの防衛大学校）の1期生の入校式で、吉田は、「もうすぐ国軍にするから、しばらく我慢してくれ」と言ったそうだ。しかし吉田は防大1期生を欺いて吉田ドクトリン（軽武装）を採用し、それを引き継いだ自民党政権は戦後75年以上もその国防体制は変えなかった。

吉田が構築した戦後レジーム（日米安保体制）は外務省の省益に合致している。日本の安全保障は実質的に自衛隊よりも米軍に依存しているのが実態だ。米軍による日本の防衛を保障する日米安全保障条約の主管官庁は外務省で、その実務は日米安全保障条約課と日米地位協定室が行っている。戦前、旧帝国陸海軍との軋轢《あつれき》を経験した外務省から見れば「究極の願望」が実現したことになる。すなわち、外務省は、国家の大権である「国防と外交」の2つを手に入れ、その背後には米国がスポンサーとして付いているのだ。アメリカと日米安保条約があれば、外務省は自民党政権でさえも手玉に取ることができる。外務省はアメリカの日本支配のいわば「出先機関（代官）」のような地位を手に入れた。

そんな外務省から見れば、日本の安全保障のためには、自衛隊に国家予算を投資するよりも思いやり予算などで米軍に投資し、米国の武器を買うことのほうが、優先度が高いはずだ。外務省は、戦後長きにわたりこの体制（戦後レジーム）に甘んじることを「よし（good）」とするどころか、それが日本にとって「最良（best）」と信じるようになったのではないだろうか。その証拠に、小和田恒元外務次官は外務省時代「ハンデイキャップ論（簡単に言えば『吉田ドクトリン〔軽軍備・経済発展重視〕』を今後も続けていくという発想）」を唱え、アメリカ追随を肯定していたではないか。

なるほど、戦後の長い平和と経済大国への繁栄を見れば外務省の日米同盟強化は「功」と見るべきかもしれない。しかし、その一方で大きな弊害も生じた。戦後75年以上も憲法第9条を改正できず、国防を他国（アメリカ）に委ねることに慣れてしまい、国家民族の自立の気概が失われつつある。愛国心も諸外国に比べ異常に低調である。このことは「罪」である。「外務省は、省益のためにアメリカに日本の『魂』を売り、そのエージェントになり下がってしまった」と言えなくもない。

このような外務省が、日米同盟を脅かしかねない日本の情報体制強化にどう向き合うのだろうか。いずれにせよ、外務省の抜本的な改革、パラダイム変換がなければ日本の自立はできないということだ。

JCIAの創設について

列国と比べ、日本の情報体制の「不備」の1つは、日本版CIA、すなわちJCIAがないことである。これを克服する道は以下の2つの選択肢があろう。

第1案：可及的速やかに万難を排してJCIAを創設する――「一挙断行方式」

第2案：既存の情報機関の「性能・稼働率」を向上して情報ニーズに応えつつ、段階を踏んで(一定時間をかけて) JCIAを創設する――「漸進方式」

米国はJCIAの設立により日本が「自前の情報」を獲得できる体制を構築すれば「日本の米国離れにつながること」を警戒し、JCIAの設立を阻止する挙に出るだろう。中国、韓国などは、日本の軍事的・覇権的台頭の兆候と見なして猛烈に反対するだろう。また、共産党などの左翼勢力は暴力革命の陰謀や諸外国との共謀などを暴かれることを恐れ、メディアや市民をも巻き込み、60年安保闘争のような反対運動をすることだろう。

ＪＣＩＡは、諸情報機関の筆頭格に位置付けられるものである。従って、警察庁や外務省など関係省庁が熾烈な縄張り争いをするのは避けられない。政治家のリーダシップが望まれるが、それだけの見識と指導力がある政治家が出るかどうかは疑問である。

「はじめに」でも書いた、拙著『防衛省と外務省』からの1節を繰り返す。

「……インテリジェンス機関とは、国家にとっての『防寒着』のように思えてきます。寒い季節ほど分厚い防寒着が必要になるのと同様、国家も自分たちを取り巻く国際環境が厳しければ厳しいほど強力な情報機関が必要になるのです。

だとすれば、人が季節に合わせて衣替えをするのと同じように、国家もまた、安全保障をはじめとする国際環境の変化に合わせて、対外インテリジェンス機能を『衣替え』すべきでしょう。わが国のように、国境紛争や領土問題の発生リスクが高まったときに、隙だらけの夏服のようなインテリジェンス機関しか用意していないのでは、国が保《も》ちません」

既に述べたように、中国の尖閣諸島を含む南西諸島に対する軍事的挑発のエスカレートや「アメリカ・ファースト」による日米同盟関係の弱体化など日本に「超寒波」が襲ってくる可能性は高まりつつある。それに対応するためには「第1案：可及的速やかに万難を排してJCIAを創設する――『一挙断行方式』」をやる必要がある。しかし、この方式は、時の政権が、前述のように内外の強固な反対を押し切る覚悟がなければ実現できない。

そう考えれば、「第2案：既存の情報機関の「性能」を向上して情報ニーズに応えつつ、段階を踏んで（一定時間をかけて）JCIAを創設する」のが現実的であろう。

情報力強化のための諸方策

「第1案：可及的速やかに万難を排してJCIAを創設する」であれ、「第2案：既存の情報機関の『性能・稼働率』を向上して情報ニーズに応えつつ、段階を踏んで（一定時間をかけて）JCIAを創設する」であれ、いずれの場合にも以下のような情報力強化策を提案したい。

⑴情報についての国民的教育

情報音痴といわれる我が国で国民的な課題は情報教育であろう。アメリカの大学ではマーク・M・ローエンタールの著書『インテリジェンス――機密から政策へ』（慶應義塾大学出版会）が広く授業で用いられている。いわば、大学生必読の書だ。同書では、インテリジェンスとは何か、米国のインテリジェンス機関の機能と役割、情報収集、分析、秘密工作、カウンターインテリジェンス、政策決定者および議会との関係などをバランス良く解説しているほか、英国、中国、フランス、イスラエル、ロシアのインテリジェンス機関の紹介まで加えている。

日本の大学でインテリジェンスを教えているところがあるのだろうか。私の考えとしては、小学校から大学まで一貫して系統的にインテリジェンスの国民的な教育を行うべきだと思う。

人工知能研究の権威であるレイ・カーツワイル博士は、ＡＩなどの技術が、自ら人間より賢い知能を生み出すことが可能になる時代――シンギュラリティ（技術的特異点）――が、２０４５年には到来すると予言している。２０１０年代に入り、ディープラーニング（深層学習）の飛躍的な発達やビッグデータの集積などに伴う「第３次人工知能ブーム」が起こる中、シンギュラリティが注目を浴びるようになった。

このように、人類は究極の「情報革命」を迎えようとしている。その結果が人類に幸福をもたらすのか不幸（最悪は人類滅亡）をもたらすのかは分からない。いずれにせよ、日本人は情報音痴のままではシンギュラリティ後の世界では生き残れなくなる。

情報は技術面だけではない。瞬時も止まることなく変動、流転する国際情勢を的確に把握し、その本質を読み解く能力も必要だ。そのためには国民的な知性（インテリジェンス）を高めることが重要だ。国民的な知性を貶め、バイアスをかける戦後の負の遺産——マッカーサーとスターリンがくれた「色眼鏡」——を外すことが課題だ。すなわち、70年以上も前にアメリカ（コミンテルンとの共謀）の「戦争についての罪悪感を日本人の心に植えつけるための宣伝計画＝WGIP（War Guilt Information Program）」により刷り込まれた亡国のパラダイムを一刻も早く払拭することが急務だ。

⑵防衛駐在官制度の改善策

防衛駐在官をフルに活用して、ヒューミント能力を強化するための改善策を述べたい。

第1は、防衛駐在官の指揮命令系統（資金・通信手段を含む）の見直しである。大東亜戦争敗戦で軍部が解体されたのに伴い、戦後、草創間もない防衛庁事務次官とアメリカの威を借る圧倒的に格上の外務省事務次官の合意文書により、防衛駐在官は「外務大臣および在外公館長の指揮監督下に置かれる」ことになった。その原点は「旧軍の暴走」という反省に立ち「外交を一元化する」というものだった。防衛駐在官は、外務省に出向する形で諸外国にある日本大使館などの在外公館に「外務事務官」として駐在し、「自衛官を兼任」した上で階級を呼称し、制服の着用ができる。この制度は諸外国には見られない、敗戦に起因する日本独特のシステムである。外務省は、戦前の二元外交の再来を防止するために「外交の一元化」という〝錦の御旗〟の下に、同省の主張を防衛庁（当時）に呑ませたものである。防衛省は内局という背広組と制服自衛官の二層構造になっており、防衛駐在官制度は、この制度に思い入れのない、それどころか制服組の台頭を抑えようとする背広組が外務省との交渉に当たっており、その落としどころ（妥協点）は、外務省の思惑通りになってしまっている。この問題については、防衛省と外務省の協議レベルではなく、国家の安全保障という次元から政府（内閣総理大臣）が断を下すのが筋だ。

そもそも、「防衛駐在官は防衛情報（安全保障に関する情報）を得るのが目的」という見地からすれば、本来、その運用、活動は防衛省が行うのが筋である。ところが、その現状は、私の駐韓国防衛駐在官（1990〜93年）の経験では、「船頭多くして船山に登る」状態で、一元的な指揮監督という趣旨からは程遠い状態だった。外務省から大使経由で伝えられるはずの情報収集の指示はまったくなかった。また、防衛庁内局、陸上・海上・航空幕僚監部調査部、統合幕僚会議第2幕僚室からも何の指示も期待もなかった。私は「糸の切れた凧」のような状態だった。私は、それぞれ関係部署の情報ニーズを「忖度」して活動していたのが現実だった。

その原因は、「防衛庁関係部署の外務省に対する遠慮」「政策判断に生かす情報ニーズが低調」

「防衛・外務首脳の情報に対する関心が低調」「防衛駐在官で『箔を付けさせればよい』という程度の期待」など様々考えられる。いずれにせよ、関係部署が防衛駐在官を「本気」で活用しようとする意思・意図がなかったのだ。つまるところ、日本民族の「情報軽視」がその根源にあると思う。

私の場合も、黙って無為に、楽に、3年間過ごそうと思えばできた。だが、それは私の矜持《きょうじ》が許さなかった。冷戦構造が崩壊し、北朝鮮が崩壊する危機などを思い、全力で自主的に情報活動を行い、外務省経由で3年間に1511通の公電、公信（文書）を送った。また、在任期間、日韓の軍事交流が活発化し、要人往来時のアテンド、留学生交換、自衛隊員の研修などのエスコートといった事務にも奔走した。韓国軍との信頼関係を得るため、請われるままに武官団長（韓国軍は上から目線のアメリカ軍武官ではなく日本の防衛駐在官に武官団長就任を要請）として武官団活動を取り仕切った。その点では、充実した勤務だったと思う。

このような状態を改めるためには、防衛省と外務省が防衛駐在官を個別にキメ細かく指導、管理して、的確に運用する体制と仕組みを確立する必要がある。

「居候3杯目にはそっと出し」という諺があるが、防衛駐在官は「外様」で、経費の要求はしづらい立場である。経費を外務省から支給するのは良いが、あらかじめ「防衛駐在官枠」を防衛省と外務省の合意の下に示達してもらいたい。私は「機密費」をもらった最初の防衛駐在官ではないかと思う。そんなものが存在することすら知らなかった。ある官庁出身のキャリア官僚が、民間業者のトラブルを解決してリベートをもらっていた事件が発覚し、彼がもらっていた「機密費」を「福山武官に支給しなさい」という柳大使の英断が下された。外務省が財務省から配分される防衛駐在官用の「機密費」を外務官僚がネコババせずに、防衛駐在官に渡すべきである。さもなければ、経費は防衛省から防衛駐在官に直接支給する枠組みに変更すべきである。

私の防衛駐在官時代には、防衛駐在官から送られた公電（防衛情報）は、外務省から防衛庁（当時）に伝えられたが、相当な遅れが常態化していた。この積年の弊害は、2003年5月7日に防衛庁と外務省の間で締結された「防衛駐在官に関する覚書」により防衛駐在官の防衛情報は、「従来通り外務省を経由」するものの、「自動的かつ確実に伝達」するようになった。

第2は、防衛駐在官の人選と任期の延長である。防衛駐在官の一部の人選は、情報収集する上で適任者というよりも〝箔を付ける〟目的の人事が行われていた。防衛駐在官によるヒューミントを強化するためには〝第2の明石元二郎〟や〝第2の小野寺信〟になり得る人物を選定すべきであろう。その具体的な選抜方法は研究し、工夫する必要がある。人選は努めて早い段階（3尉、2尉の頃）から行い、長期にわたり教育し、準備する必要がある。

次に、任期であるが、現行では3年間である。これを4〜8年に延長する方法や、防衛駐在官補佐官（3年）を経験した後に、防衛駐在官（3年）にするなどの方法があるのではないか。情報活動は腰を落ち着けて中長期的に継続する必要がある。ただし、長期勤務させる場合は、定期的に適性を評価し、成果の出せない不適格者は任期を早々に打ち切ることも必要だろう。私が韓国の防衛駐在官時代、米陸軍の韓国駐在武官のマッケニー大佐（仮名）は韓国における語学研修ののちに韓国の陸軍大学で学び、武官補佐官を3年、武官を3年勤務した。なお、夫人は韓国人であった。前任者のジョーズ元大佐（仮名）は、退官後も韓国にとどまっていた。恐らく、現役時代に培った人脈を生かして、ヒューミントを継続していたものと思われる。

第3は教育である。私が韓国の防衛駐在官に赴任する際の教育は防衛庁も外務省もおざなりで形骸化した内容であった。私が在任期間に書いた公電原稿の写しを防衛駐在官教育担当の陸上自衛隊小平学校に寄贈しようとしたが秘文書の管理などの問題を口実に受け取りを拒否された。これでは、幾多の防衛駐在官が自ら体験した貴重な教訓などを継続的に積み上げるシステムは構築できない。

政府は、スパイの制度を採用する以前に防衛駐在官や情報収集担当の外交官の能力向上に本腰を入れるべきであろう。

(3)クラウドインテリジェンスの工夫―「クラウドインテリジェンス局」の創設

いきなりスパイ制度を創設するよりも、海外勤務者、旅行者、留学生、航空機・船舶の運航者など、海外に赴く数多くの日本人の目と耳を活用して情報を収集する体制を構築したらいかがであろうか。メディア記者やフリージャーナリストなどとの緩やかで自発的な関係構築ができればなお良い。これを私はクラウドインテリジェンスと呼ぶことにする。準スパイ機構と言えなくもないが、そうなれば軋轢が大きくなるので、そのような指摘を受けない知恵と工夫が必要だ。もちろん、協力者に関する情報の秘匿や報償も考えなければならない。

政府は、情報機関として「クラウドインテリジェンス局」(仮称)を創設する。どの省庁などに付属させるのかは改めて検討が必要だろう。

「クラウドインテリジェンス局」は、海外への旅行者や進出する商社やメーカーなどから大量の「情報の断片」を掻き集め、そのクラウド状の断片を集積してジグソーパズルのように組み立てれば、スパイ1人1人に匹敵する情報を生み出せるのではないだろうか。中国はアメリカなどへの留学生数10万人に情報収集任務を付与し、集めた情報をジグソーパズルのように組み立てていく手法で様々な情報を獲得しているといわれる。

ただし、このやり方は対象国を刺激しないような工夫が必要である。さもなければ、海外で逮捕される恐れがある他、ビジネスの阻害要因になりかねない。

「クラウドインテリジェンス局」は、企業などにも情報・防諜担当者を指定してもらい連携を強化することも必要だ。これらの担当者は、組織を束ねて「情報の断片」を集めるほか、公安警察などと連携して中国などによる技術窃盗などへの対処も任務とする。

【おわりに ――日本の真の独立（Independence）は情報（Intelligence）の独立から】

今年２０２１年は、敗戦から76年目を迎える。この間、我が国は戦後レジーム――大東亜戦争直後のＧＨＱによる占領政策やその後の冷戦構造期において主にアメリカから〝押し付け〟られた、社会制度・法体系――から抜け出せないままでいる。

一方、世界は米中覇権争いと新型コロナウイルス感染症の流行が相俟って激動期に突入しており、日本は戦後レジーム体制のままでは生き残れない恐れすらある。日本が生き残るためには、戦後レジームからの脱却を真剣に考える時に差しかかっていると確信している。

かつて西欧列強が植民地を求めて東進する中、日本はその「餌食」とならないために、徳川レジームを脱するための様々な維新（いわば革命）を断行し明治政府を樹立した。

今日、我々もこれに倣い、戦後レジームを維新する時が来たのだ。「戦後レジームの維新」の本質は、憲法を自前のものとし、日米同盟を双務性にするなど、日本の大戦略（Grand strategy）を抜本的に見直すことだろう。

もとより、短兵急に行うのはかえって危険で、国民の英知を結集して抜かりなく周到に行う必要があろう。

「戦後レジームの維新」の重要テーマの1つは、情報（Intelligence）体制の強化であることは論を待たない。本稿でスパイ（諜報）と日本人の関りについて述べたが、我々は戦後断絶されたものの、情報（Intelligence）についての国民的な素質と資質は他国や他民族に劣るものではない。

「日本の真の独立（Independence）は情報（Intelligence）の独立から」を合言葉に、国民全体が情報センス（高い知性をベースに情報の取得・活用と防諜意識）を高め、バランスの取れた国家情報体制を構築することが急務だと思う。

私に本書を書くことを提案し、アドバイスしていただいたワニ・プラスの佐藤俊彦社長には心から感謝申し上げたい。また、本書はダイレクト出版で毎週連載しているメールマガジンの稿を活用したことも申し添えたい。同社ご担当の火丸颯様の「インテリジェンス企画」が本書執筆につながった。ここで改めて感謝申し上げたい。

福山　隆

2021年1月

参考文献

福山　隆　『防衛省と外務省』／幻冬社新書
福山　隆　『防衛駐在官という任務』／ワニブックス【ＰＬＵＳ】新書
福山　隆　『「地下鉄サリン事件」自衛隊戦記』／光人社
福山　隆　『続・空包戦記　椰子の実随想（連隊長時代・反戦自衛官その１～３）』／「丸」誌・潮書房光人社（２０１６年７月～９月号）
海野　弘　『スパイの世界史』／文春文庫
松本重夫　『自衛隊「影の部隊」情報戦秘録』／アスペクト
ティム・ワイナー　『ＣＩＡ秘録』／文春文庫
山崎豊子　『二つの祖国』／新潮文庫
石井花子　『人間ゾルゲ』／角川文庫
前坂俊之　『明石元二郎大佐』／新人物往来社
岡部伸　『「諜報の神様」と呼ばれた男』／ＰＨＰ研究所
小野寺百合子　『バルト海のほとりにて』／朝日文庫
風間丈吉　『雑草のごとく』／経済往来社
陸軍省編　『明治三十七八年戦役陸軍衛生史』
ジョン・Ｊ・ミアシャイマー他　『イスラエル・ロビーとアメリカの外交政策』／講談社
石光真清　『曠野の花』／中央公論新社
ゴードン・トーマス　『憂国のスパイ』／光文社
小林峻一他　『スパイＭ』／文春文庫
春名幹男　『秘密のファイル　ＣＩＡの対日工作』／共同通信社
山田敏弘　『ＣＩＡスパイ養成官　キヨ・ヤマダの対日工作』／新潮社
クライブ・ハミルトン　『目に見えぬ侵略　中国のオーストラリア支配計画』／飛鳥新社

畠山清行『秘録　陸軍中野学校』／新潮文庫
山形孝夫『図説　聖書物語　旧約編』／河出書房新社
佐藤優・高永喆『国家情報戦略』／講談社＋α新書
レフチェンコに訊く「日本はスパイ天国だった」――リーダーズダイジェスト日本版　第38巻　第5号（１９８３年5月）
田中清玄『田中清玄自伝』／文藝春秋
熊谷綸介『中国はシーパワー国家へと変貌しているのか　中国の対オーストラリア戦略を探る』／
　慶應義塾大学法学部政治学科・卒業論文（指導教員：小嶋華津子）
伊藤雅臣「国際派日本人養成講座」「人物探訪：福島安正・陸軍少佐のユーラシア単騎横断」
　http://www2s.biglobe.ne.jp/nippon/jogbd_h17/jog418.html
読売新聞「中国『千人計画』に日本人、政府が規制強化へ」（２０２１年１月１日）
宮崎正弘「宮崎正弘の国際情勢解題」（第６７４６号　２０２１年１月２日）
マーク・Ｍ・ローエンタール『インテリジェンス――機密から政策へ』／慶応義塾大学出版会
末永恵『中国のハニートラップに全米激震も氷山の一角か』https://jbpress.ismedia.jp/articles/-/63414
「中国共産党が進めるオーストラリア支配計画　目に見えぬ侵略は日本でも始まっている」／
　デイリー新潮２０２０年６月11日掲載 https://www.dailyshincho.jp/article/2020/06120559/?all=1
『ブリタニカ国際大百科事典』／ブリタニカ・ジャパン

福山 隆（ふくやま・たかし）

陸上自衛隊元陸将。1947年、長崎県生まれ。防衛大学校卒業後、陸上自衛隊に入隊。1990年外務省に出向。大韓民国防衛駐在官として朝鮮半島のインテリジェンスに関わる。1995年、連隊長として地下鉄サリン事件の除染作戦を指揮。西部方面総監部幕僚長・陸将で2005年に退官。ハーバード大学アジアセンター上級研究員を経て、現在は広洋産業㈱顧問を務める傍ら、執筆・講演活動を続けている。著書に『防衛駐在官という任務』『米中経済戦争』（ともに、ワニブックス【PLUS】新書）、『兵站――重要なのに軽んじられる宿命』（扶桑社）、『閣下と孫の「生き物すごいぞ！」』（ワニ・プラス）など。

スパイと日本人 インテリジェンス不毛の国への警告

2021年3月10日　初版発行

著者　福山　隆
発行者　佐藤俊彦
発行所　株式会社ワニ・プラス
〒150-8482　東京都渋谷区恵比寿4-4-9 えびす大黒ビル7F
電話　03-5449-2171（編集）

発売元　株式会社ワニブックス
〒150-8482　東京都渋谷区恵比寿4-4-9 えびす大黒ビル
電話　03-5449-2711（代表）

装丁　新 昭彦（ツーフィッシュ）
DTP　株式会社ビュロー平林
印刷・製本所　中央精版印刷株式会社

ワニブックスHP　https://www.wani.co.jp